基于叶绿素荧光成像数据分析
与图像处理的番茄幼苗低温胁迫研究

董贞芬 著

哈尔滨工业大学出版社

内 容 提 要

本书以番茄幼苗叶片为研究对象,以叶绿素荧光成像系统采集的叶绿素荧光成像数据为研究基础,进行植物生理学和工学研究。书中分析了冷害胁迫对番茄幼苗的叶绿素荧光参数值、动力学曲线和叶绿素荧光图像特征的不同影响,并从不同胁迫时间和不同胁迫面积两方面对番茄幼苗的冷损伤进行分级建模识别,为番茄的低温冷害研究奠定了良好的理论基础。

图书在版编目(CIP)数据

基于叶绿素荧光成像数据分析与图像处理的番茄幼苗低温胁迫研究/董贞芬著. —哈尔滨:哈尔滨工业大学出版社,2023.9
ISBN 978－7－5767－1038－0

Ⅰ.①基…　Ⅱ.①董…　Ⅲ.①番茄−幼苗−低温胁迫−研究　Ⅳ.①S641.204

中国国家版本馆 CIP 数据核字(2023)第 169482 号

策划编辑	杨明蕾　刘　瑶
责任编辑	刘　瑶
封面设计	刘长友
出版发行	哈尔滨工业大学出版社
社　　址	哈尔滨市南岗区复华四道街 10 号　邮编 150006
传　　真	0451－86414749
网　　址	http://hitpress.hit.edu.cn
印　　刷	哈尔滨圣铂印刷有限公司
开　　本	787mm×1092mm　1/16　印张 7.25　字数 130 千字
版　　次	2023 年 9 月第 1 版　2023 年 9 月第 1 次印刷
书　　号	ISBN 978－7－5767－1038－0
定　　价	78.00 元

前　　言

　　番茄是茄科最重要的蔬菜作物之一,生长环境范围广,易栽培种植。番茄属喜温性蔬菜,对温度环境因素的有效控制与管理,直接影响番茄的产量和质量。研究低温下番茄的生长情况并克服设施内低温障碍,实现设施蔬菜产业的可持续发展,是目前生产上面临的亟待解决的问题之一。为此,作者以中国北方广为种植的番茄品种"辽园多丽"和"园艺L404"番茄幼苗叶片作为研究对象,通过连续3年(2017—2019年)的实验研究,利用叶绿素荧光动力学参数值、动力学曲线和叶绿素荧光图像数据实现对番茄幼苗进行植物生理学和工程研究,为番茄低温冷害的识别和恢复研究奠定了良好的理论基础。本书主要研究内容和结论如下:

　　(1)基于叶绿素荧光成像研究冷害对番茄幼苗的影响。应用叶绿素荧光成像用于研究低温胁迫下番茄幼苗冷害胁迫情况,在实验环境下采集了番茄幼苗的叶绿素荧光动力学参数值和图像,经过横向异质性分析参数值和图像,不同程度的低温胁迫对番茄叶片的影响在荧光参数 F、$Y(Ⅱ)$、$Y(NPQ)$、$Y(NO)$、q_P、q_L 图像中产生显著的空间异质性。结果表明:$Y(Ⅱ)$ 值对冷害敏感并且不受叶脉的影响,叶绿素荧光参数图像的直方图和能量(ASM)、熵(ENT)、惯性矩(INE)和自相关(COR)的平均值与标准差显示为检测冷害胁迫的良好指标。

　　(2)基于不同低温胁迫时间的番茄幼苗冷害研究。使用皮尔森相关系数获得与时间极大相关的参数:$Y(Ⅱ)$、q_P、q_L、$Y(NPQ)$、$Y(NO)$、F_v/F_m 共6个叶绿素荧光参数值,使用其作为 BP 模型自动识别番茄幼苗冷害等级的荧光特征参数。同时,获取与时间有最大相关系数的 $Y(Ⅱ)$ 图像的颜色描述符特征和灰度图像特征,使用直方图三阶矩、纹理熵标准偏差、颜色描述

符 B，颜色描述符 b 和颜色描述符 L/b 作为输入特征，使用训练 BP 神经网络识别冷害。试验结果：推荐使用 $L^*a^*b^*$ 颜色空间的颜色描述符 b 和颜色描述符 L/b 确定番茄叶片中的冷害类型。

（3）基于冷害面积的番茄幼苗冷损伤分级研究。使用改进的 $k\text{-means}++$ 聚类算法分割叶绿素荧光参数 F 的图像以获得叶片内的冷害区域，然后根据冷害面积将番茄幼苗进行分类。

作者首先分析了低温冷害胁迫下番茄幼苗的叶绿素荧光参数值、动力学曲线和叶绿素荧光图像特征的不同影响，并从 $Y(\mathrm{II})$ 图像不同区域研究番茄幼苗的光合生理冷害分级情况。从不同低温胁迫时间研究番茄幼苗的 12 个荧光参数冷损伤特征分级建模识别情况，最后根据 F 参数图像的胁迫面积对番茄幼苗的冷害进行分级，延伸了叶绿素荧光分析冷害光合生理的研究。这一研究为提高番茄栽培技术奠定了良好的理论基础。

本书适合以下读者阅读学习：
- 对设施作物低温胁迫无损研究感兴趣的工程技术人员。
- 高等院校农业信息化、农业自动化相关专业的本科生、研究生。

回顾本书的撰写历程，感受颇多，感谢在写作过程中各位领导与同仁们给予的帮助和支持。感谢家人坚定不移的助力！

限于作者的学识水平，书中若有不足之处，恳请读者、同行和专家批评指正，相关建议和问题可以发到邮箱：dongzhf07@foxmail.com。

作者

2023 年 5 月

目　　录

第1章　绪　　论

1.1　研究背景和意义

1.1.1　番茄栽培

番茄(*Solanum lycopersicum* L.)在世界范围内广泛种植,是中国最重要的蔬菜作物之一。番茄是茄科最重要的蔬菜作物之一,生长环境范围广,易栽培种植,自 1995 年以来中国已经成为世界上最大番茄产量国之一(Ji 等,2013)。番茄制品的产地具有明显的地域性特征,目前全球有 3 个:美国加利福尼亚地区、地中海地区(主要包括意大利、法国、西班牙和希腊等)和中国的新疆、内蒙古地区。近几十年来,世界范围内的番茄产量及其制品贸易增长迅速,中国番茄及其制品贸易在番茄贸易当中的地位也越来越重要(李云龙等,2017),生鲜番茄及其制品的消费以年均 15% 的增长率高速发展,销售额过万亿元,市场前景广阔。

番茄起源于南美洲安第斯山地带,是在秘鲁、厄瓜多尔、玻利维亚、智利等地热带森林里生长的一种野生植物,原名"狼桃",属喜温性蔬菜。在正常条件下,番茄最适宜的生长发育温度为 15~29 ℃,光合作用适宜的温度为 20~25 ℃。低于 15 ℃时不能开花,或开花后授粉受精不良,导致落花落果等生理性障碍发生;温度低于 10 ℃,生长速度缓慢;低于 5 ℃,停止生长,且时间一长会引起低温危害;-2~-1 ℃,短时间内可受冻而死亡;温度高于

— 1 —

30 ℃时,其同化作用显著降低;高于35 ℃时,开花、结果受抑制,生殖生长受到干扰或破坏;短时间的40 ℃高温也会产生生理性干扰,导致落花落果或果实发育不良(姚秋菊等,2018)。番茄是喜光性植物,整个生长发育期需要充足的光照,番茄要求光饱和点为70 000 lx,维持番茄正常生长发育的光强度一般也应保证在30 000~35 000 lx。番茄生长最适应的空气相对湿度为50%~87%,如果湿度过高,易发生病害,也会影响自花授粉、受精作用。因此,番茄种植过程中对环境的选择与控制非常重要。

概括地说,番茄的种植方式可分为露地栽培[图1-1(a)]与设施栽培两类。露地栽培是在温室外或无其他遮盖物的土地上种植作物,投资成本低,生产面积大,供应时间短,易受外界环境影响。设施栽培分为设施基质栽培[图1-1(b)]和设施无土栽培[图1-1(c)],是在不适宜蔬菜生长的季节,利用温室等特定设施,人为创造适于作物生长的环境,根据计划进行产出的一种环境调控农业,投资成本相对较高,可延长品种的货架期,达到周年供应的目的。

(a)露地栽培

(b)设施基质栽培

(c)设施无土栽培

图1-1 番茄栽培方式

经过 30 多年的快速发展,尤其是"九五"时期以来通过国家一系列重大项目的立项支持,我国智能设施栽培技术不断取得突破。在设施作物的生长过程中,环境因素发挥了极为重要的作用。温度、光和湿度等环境因素的有效控制与管理,直接影响作物的产量和质量。目前,虽然我国已是世界上番茄栽培面积最大、生产总量最多的国家,但番茄生产水平远低于荷兰、日本等设施园艺先进的国家(杨其长,2018)。因而,如何能有效实现设施番茄"增产提质",一直都是设施栽培领域的研究热点。

1.1.2 低温胁迫对作物生长的影响

低温胁迫下的冷害是全球性的自然灾害,在世界范围内被广泛研究,也是我国农业生产研究中的重要灾害之一,应当予以重视。众多学者在生长发育、生理生化、耐低温鉴定及耐低温栽培等方面对植物的低温特性进行研究,其中涉及作物全、范围广(隽加香,2015)。低温是影响植物生长发育的主要环境限制因素,对作物的危害主要是在苗期或果实成熟期。低温会降低植物的水分利用率,降低膜流动性,并导致光系统吸收的光能与代谢反应所消耗的能量之间的不平衡,从而影响植物生长和存活(Ruelland 等,2009)。光合作用是植物最基本的生命活动,是植物合成有机质和获取能量的根本来源,而光合器官是植物的冷敏感部位,因此低温可直接影响光合作用的性能和活性(Smillie 等,1984)。目前,国内外已有报道研究低温胁迫对作物光合特性和生理生化特性的影响。研究表明,低温胁迫会造成作物的光合色素含量(Yang 等,2013),与 DeltapH-stat 相关的焦磷酸盐依赖性 H+积累(Kawamura,2008)、PS Ⅱ 光化学效率(Jung 等,1998)、PS Ⅰ 和 PS Ⅱ 功能(Sun 等,2008)、光合电子传递速率(Kee 等,1986)、Rubsco 含量和活性(Zhou 等,2004)、抗氧化酶(杨再强等,2012;Zhang 等,2013)活性、钙含量(Minorsky,2010)、过氧化酶和可溶性糖(何辉立,2018)等生理过程有明显的抑制作用,同时,低温条件下 pur1 叶色变化过程中的基因表达发生变化(史娜溶,2019),从而限制作物的光合作用。此外,低夜间温度胁迫可以破坏几乎所有主要的光合成分,包括类囊体电子传递、碳固定、气孔和叶绿体形态(Zhang 等,2014;Liu 等,2012)。

植物经受逆境胁迫后,其光能利用能力降低。如果植物接收的光能在此时超过其利用率,而又不能通过热耗散等途径将过剩光能耗散掉,则会对光合机制造成损害(Demmig 等,1996),特别是当在低温和弱光下生长的植物突然被转移到强光下时,会引起植物光合作用的光抑制(Lyons,1973),导致叶绿素含量降低而产生冷害现象(Huang 等,2015;Hetherington 和Öquist,2010)。温度越低,对作物光合速率和叶绿素荧光参数的抑制作用越显著(李天来等,2011)。Devacht 等(2009)表明,低温胁迫持续时间越长,对作物光合速率和叶绿素荧光参数的抑制作用越显著。据报道,Hu 等(2010)表明,低温胁迫暗适应条件下黄瓜的净光合速率和气孔导度均显著下降,但对 F_v/F_m 没有显著影响;Xu 等(2010)报道,低温胁迫下烟草种子POD 酶活性和 MDA 含量显著增加,SOD 酶和 CAT 酶活性降低;McElroy 等(2006)表明,低温下植物的总类胡萝卜素含量降低;同时,Forster 等(2009)和 Rosevear 等(2001)研究表明,低温显著抑制了植物叶片光合作用暗反应中酶和光合电子传递链的活性(Liu 等,2001)。卢广超等(2014)表明随着低温胁迫时间的延长,幼苗的最大荧光(F_m)、表观电子传递速率(ETR)、PS Ⅱ实际光量子效率 $Y(Ⅱ)$ 逐渐下降,非光化学淬灭(NPQ)先上升后下降,PS Ⅱ调节性能量耗散 $Y(NPQ)$ 和 PS Ⅱ非调节性能量耗散 $Y(NO)$ 逐渐升高。Hu 等(2010)显示低温胁迫暗适应条件下黄瓜净光合速率和气孔导度均显著下降,但对 F_v/F_m 没有显著影响。王荣青(2007)进行 6 ℃低夜温处理 7 d 后,番茄叶面积明显减小,叶片变厚,气孔器密度加大,而单叶气孔器数差异不显著, 平均单叶气孔器变小。Cao 等(2015)总结番茄的最佳平均日温度范围为 20~25 ℃,12 ℃以下的温度会降低或抑制生长。王丽娟等(2010)研究 1~4 ℃温度处理番茄 7 d,实际量子产量 $Y(Ⅱ)$ 值随时间增加而降低,1 ℃处理下最大量子产量 F_v/F_m 下降迅速,2~4 ℃处理下F_v/F_m 下降趋势缓慢,NPQ 在 1 ℃处理 7 d 时几乎达到 0,NPQ 在 2~3 ℃处理下先上升,然后逐渐降低至趋近于 0(7 d),而 NPQ 在 4~5 ℃处理下呈先下降后上升,待达到一定的时间后又下降的趋势。同时,杨再强等(2012)表明低温 5 ℃ 处理 3 d 或者低温 7 ℃ 处理 4 d 是番茄发生严重冷害的临界指标。

综上所述,低温胁迫影响植物的生长发育、生理特性和光合特性等,会使作物生理活动受到障碍。低温胁迫是世界性的,每年都给蔬菜作物生产带来严重损失。目前,我国设施农业发展迅速,并以日光温室和塑料大棚为主。在北方设施蔬菜栽培的过程中,温度对蔬菜作物的生长发育有着非常重要的影响,尤其是秋冬和早春季节(刘玉凤等,2017),低温是制约我国北方设施作物高产优质的主要障碍因子之一。

1.1.3 番茄冷害研究意义

番茄是最重要的蔬菜作物之一,在世界范围内被广泛种植。番茄在生长过程中不同生育时期对温度的要求及反应是有差别的。营养生长期种子发芽的适宜温度为 25~30 ℃,最低温度为 12 ℃。幼苗期的白天适宜温度为 20~25 ℃,夜间适温为 10~15 ℃。开花期对温度比较敏感,白天适温为 20~30 ℃,夜间适温为 15~20 ℃,过低(15 ℃以下)或过高(35 ℃以上)都不利于花器官的正常发育。结果期白天温度为 25~28 ℃,夜间适温为 16~20 ℃,温度低,果实生长速度慢,日温增高到 30~35 ℃时,果实生长速度较快,但着果少,夜温过高不利于营养积累,果实发育不良。26~28 ℃以上的高温能抑制番茄红素及其他色素的形成,影响果实正常转色(姚秋菊等,2018)。番茄对低温非常敏感(Zhang 等,2004),并且在种植过程中经常遭受低温胁迫(Ma 等,2013),这限制了它的生产力和地理分布(Cao 等,2015)。冷害是由低温、非冻结温度(0~12 ℃)引起的胁迫,这种温度在温带地区的生长季节很常见,并且可能影响植物生长、整个生长期和几个发育阶段的生产力(Ronga 等,2018)。

东北地区属于温带大陆性季风气候,冬春季节天气寒冷。中国北方冬春季节,日光温室生产中最重要的制约因素就是温度,尤其是早春和秋冬的夜间温度。设施作物经常遇到夜间温度突然降低而第二天又是温暖晴天的情况(Zhang 等,2014),这种骤变温差加大了作物受低温冷害胁迫的概率。植物往往通过外部形态、光合机制、渗透调节、抗氧化酶等方面的变化来适应或抵抗环境的低温胁迫。低温胁迫降低了叶绿素含量和光合作用的有效面积,甚至破坏了植物的光合机制,导致叶绿素荧光参数值的变化,最终影响了作物的正常生长(Mathobo 等,2017)。

低温胁迫下植物光合作用的高低直接影响其生长发育和产量,克服设施内低温障碍,实现设施蔬菜产业的可持续发展,是目前生产上面临的亟须解决的问题之一(刘玉凤等,2017)。如果在植物受低温冷害的早期或初期做出正确的损伤程度识别,实施相应的环境调控或者使用外源调节物质(如钙、甜菜碱、多胺等)对作物进行处理,则可控制冷害的发展达到农业精细化管理的目的。因此,研究低温胁迫逆境对番茄光合作用的影响、量化胁迫损伤程度、实现冷损伤分级,是有效控制植物冷害的关键,对逆境下缓解和恢复番茄的光合生产力具有重要的理论与实际意义。

1.2 叶绿素荧光成像在植物胁迫研究中的应用现状及存在的问题

近年来,许多研究人员根据植物的形态和生理学使用不同的方法来检测植物所受冷害情况。例如,在植物中低温胁迫下观察类黄酮生物合成的增加,包括花青素与植物中 ROS 的清除剂(Leyva 等,1995)。Apel 和 Hirt (2004)提出了基于 DNA、蛋白质和脂质的氧化损伤检测植物冷害的方法。Mittler(2002)声称冷胁迫会产生活性氧。Gosalbes 等(2004)表明低温诱导的加氧酶 CIOX 的表达可以作为橘桔中易感性分子标记。Jones 等(1998)和 Venema 等(2005)研究冷损伤后蛋白质合成障碍与光抑制之间的关系,以及对低温下脯氨酸和可溶性糖含量等参数的测定,揭示番茄在低温胁迫下刘辉的应答基因及抗感材料间的基因表达差异。Rahman（2013）和 Caffagni 等（2014）研究了冷敏感作物在分子水平上的冷害机制。杨德光等 （2018）根据相对电导率的测定与可溶性蛋白含量、脯氨酸含量来观察低温 胁迫下冠菌素对玉米幼苗生理特性的调控。上述方法皆需要破坏植物体来 获得检测值。光合作用代谢是植物的重要代谢过程，由于其稳定性已成为 植物生理和植物生态学研究的重要内容，可用于判断植物生长和抗逆性指 数（Taiz 和 Zeiger，2010）。光合作用是植物最基本的生命活动，是植物有 机质和能量的基本来源，光合作用过程中的几乎所有变化都可以通过叶绿 素荧光反映出来。叶绿素荧光（Chlorophyll Fluorescence，CF）技术，亦称叶 绿素荧光诱导技术，是以叶绿素荧光为探针检测植物光合作用状态分析植 物胁迫影响的一种技术（刘雷震等，2017；杨建军等，2017；张晓旭等，2017； Rey 等，2016；Bai 等，2017；Ranulfi 等，2016），是灵敏地反映光合作用信息 （Krause 和 Weis，1991；王纪章等，2019）而不会对植物造成损害的一种有效 途径。与植物叶片的气体交换指数相比，叶绿素荧光参数反映了植物光能 的吸收、传递、耗散和分布的内在特征（Krause 和 Weis，1984）。

叶绿素荧光技术通过激发光、作用光和测量光的相互交替获取 5 个关 键荧光强度值，即 F_0、F_0'、F_m、F_m' 和 F_s，根据公式计算植物的光化学淬灭、非 光化学淬灭及 PS Ⅱ 效率等参数，判断植物光合系统的健康状态、能量转换 状态以及植物叶片受光能损害状态等。按获取植物信息的方式，将叶绿素 荧光测定分为叶绿素荧光参数技术（姜楠和陈温福，2015；方怡然和薛立， 2019）、快速荧光动力学技术（Ceppi 等，2012）、叶绿素荧光光谱技术（杨昊 谕等，2010；隋媛媛等，2016；Ranulfi 等，2016）和叶绿素荧光成像 （Chlorophyll Fluorescence Imaging，CFI）技术。目前，国内外研究者在作物 方面的荧光研究主要集中在前 3 种技术的分析和利用上，由于植物内部因 子分布的不均匀性，经同一种胁迫条件下产生的伤害在空间上也可能是不 均匀的，同时可能发生对光合能力和气孔孔径的不均匀影响，从而在同一时 间同一片叶上也会展现出不同的荧光活性，为了检测这种异质性分布，叶绿 素荧光成像技术应运而生。

叶绿素荧光成像是允许研究整个叶面积上的叶绿素荧光时空异质性特征的技术。以发生冷害的番茄幼苗叶片为例,图 1-2 所示为蓝光版 IMAGING-PAM 在叶片冷害初期采集的图像,荧光图像可以检测到普通数码相机无法"看"到的低温损伤。

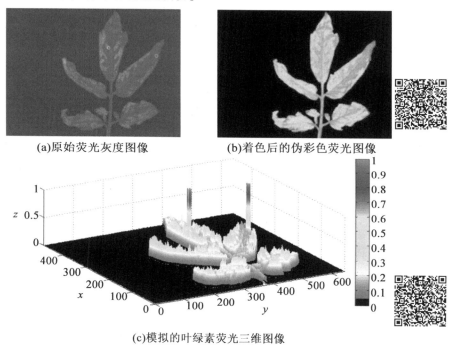

(a)原始荧光灰度图像　　　　(b)着色后的伪彩色荧光图像

(c)模拟的叶绿素荧光三维图像

图 1-2　蓝光版 IMAGING-PAM 在叶片冷害初期采集的图像

IMAGING-PAM 中的叶绿素荧光成像系统实现了从宏观上获取细胞、叶子或植物荧光的方式,在获取荧光参数值的同时也获得了快速、直观和精确的图像信息。在叶绿素荧光成像技术中,为了便于观察图像上的异质性,通常使用不同颜色编码、不同数值的伪彩色调色板来逐像素地表示图像中的不均匀性(Gorbe 等,2012)。图 1-2(a)是 IMAGING-PAM 仪器采集的原始叶绿素荧光灰度图像,图 1-2(b)是着色后的伪彩色叶绿素荧光图像,图

1-2(c)是模拟的叶绿素荧光三维图像,x 轴和 y 轴构成的平面图是通过彩色着色后的 RGB 荧光图像,z 轴的值是一维灰色图像的灰度值。在伪彩色图像中,灰度值≤0.038 被判断为黑色背景,在叶子区域中判断灰度值大于0.038 的点。叶绿素荧光成像的开创性使用是在 1979 年,Björn 等(1979)应用叶绿素荧光成像揭示了对病原体反应不均匀的叶片光合作用相关研究。在 Ladislav 等与 PAM 公司共同研发了第一代叶绿素荧光成像系统FlourCam 后,叶绿素荧光成像技术在农业工程中得到了广泛使用。Maxwell等(2000)对叶绿素荧光诱导技术进行总结,进一步明确了叶绿素荧光诱导技术在植物检测领域的意义。韩志国(2006)对多种植物叶绿素荧光信息的采集,为我国叶绿素荧光诱导技术的发展起到推进作用。

目前,叶绿素荧光成像在植物低温胁迫研究中的应用文献较少。因此,为了在农业生产的低温胁迫下更好地使用叶绿素荧光成像技术作为诊断工具并借鉴理论研究方法,本书概述了叶绿素荧光成像在植物生长环境温度、光照、水分、营养、盐胁迫及植物病害中的应用研究,这些胁迫皆会影响植物的生育进程和产量的形成(Hichri 等,2014;Shi 等,2014),不容忽视。研究中所涉及的叶绿素荧光参数及其定义为:F_0 和 F_m 分别是在暗适应下样品中测量的最小荧光强度和最大荧光强度,F_0' 和 F_m' 分别是由光诱导动力学过程中饱和脉冲法确定的最小荧光强度和最大荧光强度,F_s 是光诱导动力学期间达到的荧光强度稳态值;非光化学淬灭[q_N 或 NPQ、NPQ(T)]是由热耗散引起的荧光淬灭,光化学淬灭(q_P 或 q_L)是由光合作用引起的荧光淬灭,而在当前的光照状态下光系统Ⅱ的实际光合效率 $Y(Ⅱ) = \Phi_{PSⅡ} = \Delta_{PSⅡ}$ 反映了光合机构目前的实际光能转换效率;$Y(NO) = \Phi_{NO}$,代表的是被动地耗散为热量和发出荧光的能量,$Y(NPQ) = \Phi_{NPQ}$ 代表的是通过调节性的光保护机制耗散为热的能量,光系统Ⅱ的最大光合效率 $F_v/F_m = (F_m - F_0)/F_m$ 反映了植物的潜在最大光能转换效率,而 $R_{fd} = F_d/F_s = (F_m - F_s)/F_s$ 则反映了叶绿素荧光减少率(Gorbe 等,2012)。

1.2.1 温度胁迫

在作物生长过程中,温度过低或过高都会影响作物的生长和生产力。为了让植物生长在最佳温度下,有必要知道每个物种或品种的最佳温度范围。而当植物受到低温或高温胁迫时,植物的光合作用都会受到影响,因此与光合作用相关的叶绿素荧光成像技术可用于监测温度对植物胁迫的影响。

在低温研究中,目前研究较多的是集中于在其他条件与温度的共同胁迫情况下作物对温度的反应。Hogewoing 等(2006)表明,光照条件下低温胁迫在孔雀竹芋斑叶中引起严重的光抑制,测量中 F_v/F_m 的异质性降低,叶片区域的值较低,叶绿素平均浓度较低,但在黑暗中冷害不会影响 PS Ⅱ 效率。Gray 等(2010)使用叶绿素荧光成像在 4 ℃ 冷适应条件下研究低温光合作用中光抑制和随后恢复的响应,并且将非适应植物从 23 ℃ 冷转移到 4 ℃,研究表明冷适应导致植物对光抑制的耐受性增加,且冷移植物不像冷驯化植物那样宽容,并讨论了 PS Ⅱ 修复周期、PS Ⅱ 淬灭中心的作用以及使用叶绿素荧光成像监测植物中的光抑制反应。Devacht 等(2011)使用叶绿素荧光成像来评估栽培种"Hera"的幼株对低温和高光强度的响应,植物在不同的光强度下结合不同的温度(16 ℃、8 ℃ 和 4 ℃)进行光响应测量,量化光系统Ⅱ的运行效率和非光化学淬灭 NPQ 的参数对胁迫的严重程度进行评估,结果表明,在幼株的工业菊苣植物中光合系统更容易适应较低的生长温度。同年,Lootens 等(2011)建议将 NPQ(光抑制淬灭)作为筛选菊苣植物冷敏感性的有用参数。Humplík 等(2015)通过高通量植物表型自动化分析豌豆芽的生物量和光系统效率的耐冷性,开发了自动 RGB 图像分析的新软件,不仅从 RGB 成像获得的数据相关性来验证,而且从图像获得的数据与非成像叶绿素荧光计测量的叶绿素荧光参数进行比较,证实了所述程序的可靠性。Dong 等(2019)使用叶绿素荧光成像系统研究了番茄叶幼苗叶片在低温胁迫下的叶绿素荧光异质性,建议 $Y(Ⅱ)$ 作为监测和识别番茄叶片冷敏感性的有用参数,并认为叶绿素荧光图像的直方图和纹理也具有低温胁迫特征。

在高温胁迫下,CO_2 同化和电子传递受到逐渐抑制,F_0 增加,F_m 和 F_v/F_m 的活性相对于 PS Ⅱ 的失活减少。通常,温和的热胁迫导致 PS Ⅱ 下调和防止过度光损伤(即刺激非光化学淬灭),强烈的热胁迫抑制了 NPQ 反应的保护机制。高温胁迫一般伴随着水分胁迫而发展。Lang 等(1996)测量了烟草叶片中两种胁迫的同时效应,并显示叶绿素荧光发射的梯度。红色(F_{690})和远红色(F_{740})叶绿素荧光发射显著增加,叶缘 F_{440}/F_{690} 和 F_{440}/F_{740} 的比值下降,而叶片中部仍然呈现出规律性光合活性叶片的荧光标记。Christoph 等(2015)以 20 种不同基因型野生大麦的快速叶绿素荧光诱导(OJIP)动力学参数成像观察在热胁迫下对 PS Ⅱ 的影响为例,开发了允许叶片进行重复测量荧光的标准化筛选程序,该研究的结果证明叶绿素荧光参数 NPQ 适合作为筛选热胁迫症状检测的有用参数,且叶绿素荧光成像可以表征植物的基因型。

基于叶绿素荧光成像技术的温度胁迫文献多是通过叶绿素荧光 RGB 彩色图像从植物生理方向研究植物受胁迫后与光合作用相关的叶绿素荧光参数及比值的变化,以实现表征植物受温度胁迫后的影响。研究中,当植物遇到温度胁迫时体内会发生一系列的生理变化,胁迫后叶绿素荧光参数 F_m、ETR、$Y(Ⅱ)$ 逐渐下降,叶绿素参数 $Y(NPQ)$ 和 $Y(NO)$ 逐渐升高。大多数植物反应 PS Ⅱ 光合能力变化的叶绿素荧光参数 $Y(Ⅱ)$ 和 NPQ 对温度敏感性高,F_{440}/F_{690} 和 F_{440}/F_{740} 的比值在温度胁迫后通常会下降。这表明植物受温度胁迫后叶绿素平均浓度降低,同时,温度胁迫降低了植物将吸收光能转化为光化学反应的能力。

1.2.2 光照胁迫

影响植物生长、发育的诸多影响因素中,光环境在植物生命周期内的各种生理反应中起着关键性作用,通过获取植物的光合状态可研究植物对光能的利用效率(贺通,2018)。一般来说,作物生长对光环境的响应往往受光量(光量积分、光强度×光周期、单位时间单位面积上接收的光量子数)、光质(光谱分布)及栽培措施之间相互作用的影响。非适量的光照对作物生长会造成胁迫伤害,因此在温室/田间生产中需要早期检测光胁迫,在细胞发生氧化损伤之前根据植物接收到的日照强度进行适当遮阴或辅助补光。Omasa 等(1987)开发了一种新的影像仪器系统,该系统可以用于定量分析暗光转换过程中叶绿素荧光强度的快速变化,实验中在没有明显损伤的整个单叶上进行动态叶绿素荧光成像,既显示了光合作用活性的局部变化,也显示了叶绿体中光合电子传递系统的抑制位点。Sandhu 等(1997)通过测量 F_{680} nm 和 F_{740} nm 等稳定状态荧光图像评估了 UV-B 辐射(290~320 nm)对黄瓜叶片的影响,荧光图像揭示了 UV-B 胁迫引起的变化,帮助评估 UV-B 对植物光合组织引起的损伤。Mazza 等(2000)认为紫外线辐射造成的损害主要取决于物种或栽培品种,因为栽培品种在叶片紫外线渗透中存在明显的差异,并且可以通过叶绿素荧光成像进行测量。

Takayama 等(2007)开发了一种叶绿素荧光成像系统,能够在液氮下捕获叶片的叶绿素荧光图像(F_{683} 和 F_{730}),F_{683} 主要由 PS II 和捕光复合体 II 发射,而 F_{730} 主要由 PSI 和 LHCI 发射。实验中芸豆的叶片区域遭遇轻度光胁迫后,F_{683} 的下降与 F_{730}/F_{683} 和非光化学淬灭 NPQ 的增加有关。因此,参数 NPQ 可以用来评估植物所受轻度胁迫。但是目前 NPQ 的估算是从叶绿素荧光产量的脉冲幅度调制 PAM 测量得来的,并且需要测量完全暗适应后植物中的最大荧光产量 F_m,在实际应用中会受到条件阻碍,尤其是在成像应用中 F_m 的测量会受残余光的影响引入假象。Treibitz 等(2017)为了解决这些限制,对拟南芥叶片进行了研究,推导并表征了一组新的参数,NPQ(T)可以在几秒钟内测量,且参数可以在不需要 F_m 的情况下估算 NPQ,实现高通量和现场应用。

上述光照胁迫研究中,从植物生理方向评估了紫外辐射对植物的影响,提出紫外线辐射造成的损害主要取决于物种或栽培品种,荧光比率 F_{730}/F_{683} 可以用于研究叶片表面上的轻度光胁迫,建议参数 NPQ 用来评估植物所受轻度胁迫,且有研究提出了不受残余光假象影响的新参数 NPQ(T)实现现场应用。

1.2.3 水分胁迫

水资源利用率是植物生产力最重要的限制因素之一,水胁迫能够改变农业作物代谢,延缓生长并抑制植物的光合作用,因此适当监测植物水分胁迫对于开发可持续的作物生产灌溉计划至关重要。Meng 等(2011)利用叶绿素荧光成像技术研究了烟草叶片的内部水源转换,实验证明快速诱导和碳水化合物输入之间存在相关性,较高的线粒体呼吸可以为卡尔文循环提供 CO_2。Zarco 等(2009)对橄榄树和桃园使用荧光成像进行水分胁迫实验,证明了从空气的图像中提取树木叶绿素荧光 F 的可行性,证明叶绿素荧光成像可以作为整个叶面积光合功能指标,同时可以帮助早期识别植物水分胁迫,用于优化灌溉管理。

干旱胁迫也可以通过叶绿素荧光成像进行诊断,观察叶片表面叶绿素荧光的异质性模式。Lang 等(1996)测定了烟叶 F_{440}/F_{690} 和 F_{440}/F_{740} 的线性增加,因为烟叶的相对含水量低于 88%,并且它们能够区分完整叶面积中这些比例的局部干扰。Calatayud 等(2006)在遭受渐进性水分胁迫的玫瑰植物中观察 PS Ⅱ光合能力的时空变化:在时间方面,非光化学过程在水分胁迫的第 1 天内增加,但随着相对含水量下降,非光化学过程减少。这与 $\Phi_{\text{PS}\,\text{Ⅱ}}$、$q_{\text{P}}$ 和 q_{L} 的逐渐减少、Φ_{NO} 的增加有关;关于空间差异,$F_{\text{v}}/F_{\text{m}}$、$q_{\text{P}}$ 和 q_{L} 在整个叶中是相当均匀的。相反,在整个干旱期(9 d),F_0 和 F_{m} 在中脉旁边较高,$\Phi_{\text{PS}\,\text{Ⅱ}}$、NPQ 和 NO 仅在干旱中期表现出空间差异。$F_{\text{s}}/F_0$ 比率与 NPQ 和 Φ(NPQ)强烈相关,直至 RWC 为 20%。这与光化学淬灭和非光化学淬灭的降低以及 Φ_{NO} 的增加相一致。Shihchieh 等(2010)通过获取卷心菜苗叶的荧光图像显影(460 nm),结合淬灭曲线定量模型的动态荧光指数(DFI),建立了一种能够对甘蓝幼苗水分胁迫进行无损评估的动态荧光图像指标体系,使用动态荧光指数预测幼苗水分胁迫状态的定量模型的最佳结果是使用 720 nm 通道、$r=0.944$ 和 $SEE=0.286$ MPa，其中 R_{fd} 用于评估荧光减少率。Mishra 等（2012）得出结论，叶绿素荧光成像可用于筛选番茄中的抗性基因型。在干旱条件下，诱导胁迫 7 d 后，F_v/F_m、$\Delta_{PS\,II}$ 和 NPQ 在野生型和转基因番茄植物之间产生良好的对比。Sperdouli（2012）等获取了 4 周龄不同干旱胁迫程度下拟南芥的 F_0、F_v/F_m、NPQ/4 等叶绿素荧光图像，分别从图像中选取了 5 个感兴趣区域（Areas of Interest，AOI）：叶片中心、靠近叶基的两侧、靠近叶端的两侧，比较了不同干旱胁迫程度（轻度、中度、重度）对 PS II 的影响，表明在干旱胁迫早期（轻度胁迫）从叶绿素荧光图像中就能够观察到叶片的发病区域（岑海燕，2018）。姚洁妮（2018）使用叶绿素荧光动力学和多光谱荧光成像研究拟南芥干旱胁迫响应表型分析，提出基于序列前向选择特征选择法和线性判别分类器可以实现干旱第 1、3、8 天不同干旱程度拟南芥的分类，野生型拟南芥和突变体拟南芥预测干旱第 1、3、8 天的平均准确率分别为 78.3% 和 88.3%。周春艳等（2017）以 460 nm 蓝色 LED 为激发光源，融合了叶绿素荧光动力学参数和荧光图像的研究方法，对不同干旱胁迫条件下植物进行水分胁迫和生长状态信息的观测，对非易失水和易失水叶片分别进行缓慢及快速水分胁迫，实验表明动力学曲线上次峰值出现的时间及荧光比 R_{fd} 随着胁迫的加剧均发生变化，确定了水分胁迫下叶绿素荧光图像与时间的关系。

上述文献通过叶绿素荧光成像技术从植物生理方向研究植物所受水分的胁迫，表明植物中水分与碳水化合物、F_{440}/F_{690} 和 F_{440}/F_{740}、R_{fd} 及 PS II 光合能力有关，同时叶绿素荧光成像不仅可以用于诊断植物的水或旱胁迫，还可以筛选植物中的抗性基因型，为使用叶绿素荧光图像进行植物环境水分胁迫提供理论依据。

1.2.4 营养胁迫

叶绿素荧光的应用有助于避免过量施肥确保最佳生产力，而目前叶绿素荧光成像研究中对氮（N）和铁（Fe）的研究较多。N 是植物发育所需的最大量的营养素,叶中大部分 N(50%~80%)在光合作用中起重要作用,N 的吸收和叶绿素含量的差异可以通过荧光成像系统进行测量,如高氮供应的甜菜植物可以通过 F_{440}/F_{690} 和 F_{440}/F_{740} 值区别于低氮供应的甜菜植物(Lichtenthaler 等,2005)。Heisel 等(1996)获得了类似的结果,上述比值的变化归因于在 690 nm 和 740 nm 处荧光发射的减少。杨一璐等(2017)对 N 营养胁迫做了分析,提取辣椒叶片的 25 个叶绿素荧光图像的特征参数,对其中 18 个显著相关($P<0.01$)的特征值用 PCA 降维至 3 个有效变量,将结果作为 BPNN、GRNN 和 MLR 模型的输入变量,建立辣椒叶片 N 含量的预测模型。

Fe 是植物的必需元素,Fe 的缺失不仅导致光合速率下降,还降低稳态光合作用下实际的光系统Ⅱ效率。Donnini 等(2013)在两种不同的实验条件下确定黄瓜在 Fe 缺乏条件下测定的叶绿素荧光参数有显著变化,荧光成像有明显的异质性,这表明光合作用过程发生改变。Osório 等(2014)发现草莓幼叶叶片叶绿素浓度在 Fe 胁迫下随着时间的推移逐渐下降,叶绿素荧光图像(F_v/F_m,$\varPhi_{PSⅡ}$、NPQ 及 q_P)表现出很大的空间变化,F_v/F_m 是受影响的最后一个参数,$\varPhi_{PSⅡ}$ 可以作为早期快速检测 Fe 胁迫的指标帮助管理施肥。Swanson 等(2010)通过适当的控制实现在体内实时量化 Ca^+、pH 和 ROS 的变化,研究可用于可视化的荧光细胞探针遗传编码传感器。

上述 N 和 Fe 的研究文献从叶绿素荧光强度比值和图像异质性方向研究植物受胁迫后的生理情况,叶绿素浓度与胁迫时间呈负相关性,F_{440}/F_{690} 和 F_{440}/F_{740} 值可以用于识别 N 胁迫的高低,$\varPhi_{PSⅡ}$ 可以作为早期检测 Fe 胁迫的荧光参数,且提取荧光图像上的特征参数可用于建立胁迫的预测建模。这些研究为进一步实现自动化检测影响胁迫提供了良好的基础。

1.2.5 盐胁迫

土壤盐渍化是限制作物存活率,降低农产品产量与质量的重要因素之一。盐渍化土壤的改良与利用,能有效缓解世界人口增长与可耕地面积减少等带来粮食产量不足、种植作物种类受限、生态系统遭受破坏等问题。Yuan 等（2014）采用叶绿素荧光成像技术鉴定了外源腐胺对盐胁迫下黄瓜幼苗光合性能和热耗散能力的影响，实验中盐胁迫降低了 F_v/F_m、Φ_{PSII}、q_P 和 q_N，并显著增加了 Φ_{NO}，喷施外源腐胺在受胁迫的植物上增强了植物调节能量 Φ_{NPQ} 的耗散并降低了 Φ_{NO}。Moriyuki 等（2016）使用高通量表型系统捕获拟南芥植物响应盐胁迫的生长、形态、颜色和光合作用，研究显示在盐胁迫的早期阶段耐盐性与非光化学淬灭过程相关，而在后期阶段植物性能与量子产率相关。Rigó 等（2016）通过测定非破坏性叶绿素荧光参数 F_v/F_m、Φ_{PSII} 成像筛选盐、渗透和氧化胁迫耐受性，鉴定了 20 种拟南芥系在限制条件下具有优异的性能。周鹏等（2014）利用叶绿素荧光成像技术研究盐胁迫对柳树叶片光合机构的影响，结果显示盐胁迫下灌木柳 F_v/F_m 荧光图像变化明显，荧光参数 F_v/F_m、F_m 和 Φ_{PSII} 值均显著下降，q_P 则有所上升，F_0 则显著高于对照组。王文森（2018）对不同品种的大豆用 NaCl 进行胁迫，发现在通过气孔限制缓解 NaCl 胁迫下，苗期大豆叶片的 $Y(NO)$ 变化不显著，而当主要因素为非气孔限制时 $Y(NO)$ 显著提升，且光合系统受损。

上述研究表明盐抑制了植物生理生长情况，叶绿素荧光参数 F_v/F_m、Φ_{PSII} 降低，在盐胁迫的早期阶段耐盐性与非光化学淬灭过程相关，而在后期阶段植物性能与量子产率相关，当 $Y(NO)$ 显著提升时已发生严重胁迫损伤。而外源腐胺可缓解盐胁迫诱导的光合作用的不利影响，同时也增强了盐胁迫下叶黄素循环色素的脱环氧化状态，从而提高植物的耐盐能力。

1.2.6 病害胁迫

各类病害对植物的危害日益加重，严重威胁我国设施产业的果蔬质量安全，盲目、不适当地施用农药不仅不能有效地控制病害的发生，还会造成农业用地和附近水源污染、蔬菜农残超标等一系列环境与健康问题，极大威胁作物产品的质量和安全问题（柴阿丽，2011；卢劲竹，2014）。对病害胁迫的早期检测可以尽早控制病情发展，提高农业生产效率并为农作物的品质安全提供保障(岑海燕,2018)。叶绿素荧光成像技术在植物病害检测方面显示出巨大的潜力。Berger 等(2004)在番茄叶片感染灰葡萄孢(Botrytis cinerea)后 24 h 观察到了其光合作用的抑制作用,F_v/F_m 图像显示了在感染部位附近的光化学最大量子产率的局部降低,而其健康叶片则显示出均匀的值和较低的 NPQ。NPQ 可用来评估烟草花叶病毒的感染效果(Pérez-Bueno 等,2006)。Moshou 等(2005)应用自适应阈值程序对冬小麦叶片的荧光图像进行处理后再进行形态学操作,以删除小噪声区域并填充封闭区域中可能的"漏洞"获得图像中的叶片区域,通过 550 nm 和 690 nm 两个波长的荧光图像用于检测黄锈病的存在,再结合自组织图(SOM)神经网络进行与光谱数据融合,这将总体分类误差降低至 1%。Kondo 等(2009)利用叶绿素荧光成像技术对腐烂的脐橙进行了检测,比较了荧光图像中 R、G 和 B 成分中脐橙的腐烂和正常部分的值,发现荧光图像的 G 通道的腐烂部分的值是正常部分的 3~5 倍。Pereira 等(2011)研究了激光诱导荧光成像在甜橙(Citrus sinensis(L.) Osbeck)植物中监测柑橘绿化病的潜在用途,结果证明了可使用叶绿素荧光成像在早期阶段识别柑橘绿化的工具。李江波等(2012)采用波长 365 nm 的紫外灯激发脐橙荧光,在 450~700 nm 波段范围内,采用最佳指数(Optimum Index Factor,OIF)理论法,选取两个最优波段组合(489.6 nm 和 591.4 nm),研究表明基于最优波长比的图像和双阈值分割法可以区分脐橙的梗伤与腐烂两种损伤,其识别正确率达到 100%,该方法避免了梗伤缺陷的荧光效应带来的检测影响,降低了算法和系统成本(卢劲竹等,2014)。Wetterich 等(2013)使用荧光成像光谱技术对巴西及美国两地区感染黄龙病(HLB)和健康的柑橘叶片进行分类,实验中使用归一化的荧光图像进行分割,并使用共生矩阵从分割的图像中提取纹理特征,提取的特征用作分类器支持向量机(SVM)的输入,结果表明支持向量机可以对 HLB 感染的叶片进行分类,结果显示,巴西样品的准确度较高(90%),而美国样品的准确度较低(61%)。许培磊等(2015)研究显示霜霉病病斑荧光值与对照差异显著,病菌侵染 3 d 就显著影响山葡萄叶片的光系统活性,F_v/F_m 与 $Y(NPQ)$ 值在接种后呈现下降趋势,$Y(NO)$ 呈现上升趋势,显示霜霉病侵染对山葡萄叶片的胁迫逐渐增大,过剩的光能导致病斑处叶片发生光损伤,光保护能力下降,推荐病斑周围组织的 $\Phi_{PSⅡ}$ 与 r_{ETR} 可以作为初步筛选山葡萄抗霜霉病种质的评价指标。张初(2016)采用叶绿素荧光成像技术,对油菜健康和染病叶片、茎秆进行了检测研究,利用染病叶片和染病茎秆中 15 个不同叶绿素荧光参数的分布发现,染病叶片和茎秆健康及病斑区域的叶绿素荧光参数具有较大差异,根据 LDA、ANOVA 和相关分析选择了特征荧光参数,基于特征荧光参数的判别分析模型,结果表明,SVM、KNN、NBC 及 RF 模型在不同的样本集中整体判别效果较优。Cen 等(2017)利用动态叶绿素荧光成像技术的平均荧光参数和图像的分类模型检测 HLB 疾病,模型的输入分别是从平均荧光参数和主成分图像中提取的特征,使用包括偏最小二乘判别分析(PLS-DA)和支持向量机(SVM)的两个分类器来区分 HLB 感染的叶子与健康、营养缺乏的叶子,结果表明,基于图像特征的总体准确度为 77%,而使用平均荧光参数的分类精度为 90%,但图像特征和平均荧光参数的组合显著改善了分类性能,总体准确度为 97%。翁海勇(2019)通过叶绿素荧光图像研究相同条件下健康和染病叶片光合作用能力可知,不同季节两个果园中的染黄龙病叶片的 $\Phi_{PSⅡ}$ 值均低于健康的叶片,而 Φ_{NO} 则高于健康叶片,表明黄龙病病原菌侵染降低了柑橘宿主将吸收光能转化为光化学反应的能力,且黄龙病病原菌侵染使得 PSⅡ 反应中心受到了不可逆的损伤,并且宿主的光合作用能力下降和光抑制在潜伏期(未显症)就已经发生,使用 29 个叶绿素荧光参数构建了 LS-SVM 判别模型,获得了全面的柑橘黄龙病病理特征,增强了对柑橘黄龙病的表征能力。

上述研究表明,叶绿素荧光成像技术在植物病害检测方面显示出巨大的潜力。这些文献不仅从生理方向研究了病害对植物的影响,如 F_v/F_m 和受病害胁迫后降低而 $Y(NO)$ 则增大,也从工程方向上对受胁迫的植物叶绿素荧光图像进行了深度处理,首先将植物体从叶绿素荧光图像中分割出来,然后进一步提取病害区域的叶绿素荧光参数均值或纹理特征,将之作为识别模型的输入特征,实现自动识别表征病害胁迫植物体的目的。

1.2.7　文献分析

　　近年来,使用叶绿素荧光成像研究植物胁迫情况成为热点研究之一。本书展示了叶绿素荧光成像在植物生长胁迫研究中的巨大潜力,叶绿素荧光成像能将植物生长中所遭遇胁迫损伤无损、快速、直观地反映出来。叶绿素荧光成像可以用作决策支持系统中的传感器,监测受控温室中的植物,尽早鉴定新陈代谢受损和用于生长受阻的植物,从而避免由于胁迫造成的产量损失,同时也避免主观判断,实现准确客观地监测植物健康。同时,叶绿素荧光成像也可以用于筛选植物中的抗性基因型,从而加强植物的抗胁迫能力,提高作物的质量和产量。对文献回顾有关使用叶绿素荧光成像对植物胁迫进行研究时,可以推断出不同类型的胁迫之间的比较是相当困难的,即使同一种胁迫比较也不是很容易,因为所用的设备不同,植物类型不同,且每个实验的目标也有很大差异。然而,除了一些例外,所有胁迫都有一些共同特征。当植物遭受胁迫时,通过 F_v/F_m、Δ_{PSII}、q_L 和 q_P 测量的光化学活性降低,并且当胁迫变得更加严重时光损伤参数 NO 会增加。但大多数研究更侧重于叶绿素植物生理研究,针对受胁迫的植物叶绿素荧光图像进行深度处理而实现自动识别胁迫的文献较少,且主要是使用叶绿素荧光参数均值或纹理特征作为特征进行建模识别。针对目前的研究现状,该技术的工作研究存在以下几个问题:①目前叶绿素荧光成像在胁迫研究中,大都是从生理方向研究胁迫对叶绿素荧光参数的影响,虽然从视觉上可见植物体的异质性分析,但是研究中大都喜用均值参数计算叶绿素荧光图像值,对研究对象进行横向异质性详细分析文献较少;②文献多用叶绿素荧光彩色RGB图像结合叶绿素荧光参数或叶绿素荧光灰度图像纹理结合植物本身的生理参数进行研究,但使用叶绿素荧光彩色 RGB 图像、叶绿素荧光灰度图像和叶绿素荧光参数值结合的文献较少;③多数文献是针对胁迫与否进行研究,而对植物胁迫后受损伤程度的研究文献极少,若研究中没有明确的胁迫损伤程度分析,这将加大胁迫后植物恢复的调控难度。

1.3　本书主要研究内容

1.3.1　研究目标

本书以中国北方广为种植的"辽园多丽"和"园艺 L404"番茄品种为研究对象,在人工气候室内设置番茄低温胁迫逆境条件,通过 IMAGING-PAM 采集叶绿素荧光参值、动力学曲线和图像进行分析,实现番茄幼苗低温冷害胁迫后叶绿素荧光信息的检测及其冷损伤情况的自动量化识别,初步形成番茄幼苗冷损伤的自动识别模型和量化损伤程度模型。首先分析研究番茄低温胁迫机制,提出基于叶绿素荧光信息学的冷害胁迫识别方法,其次分析叶绿素荧光图像的横向异质性,通过番茄幼苗叶绿素荧光图像的 3 种分类方法,实现番茄冷损伤的分级检测方法。本书的研究结果有助于进一步确定番茄低温胁迫的鉴定和评价,为调控番茄光合能力和生长环境改善工作提供理论依据与技术支持。

1.3.2　研究内容

本书以中国北方广为种植的"辽园多丽"和"园艺 L404"番茄品种为研究对象,在人工气候室内设置番茄低温胁迫逆境条件,通过分析、研究番茄幼苗冷胁迫条件下叶绿素荧光参数值、动力学曲线和图像,实现冷损伤的自动识别和量化损伤程度的建模。书中对叶绿素荧光图像处理时所使用的数据统计分析软件是 Matlab R2014a 和 Excel 2010,使用的绘图软件为 Visio 2013 和 Origin 2018。本书的研究内容如下:

（1）番茄幼苗冷害情况下叶绿素荧光动力学成像的研究方法。

利用调制荧光成像系统 IMAGING-PAM 测定番茄叶片受低温胁迫后

F_v/F_m、$Y(\text{II})$、F_v'/F_m'、$Y(\text{NO})$、q_P、NPQ 等叶绿素荧光动力学参数值、动力学曲线和图像的影响,以及在低温冷害损伤研究中使用的研究方法。

(2)番茄幼苗冷害情况下叶绿素荧光参数值和图像信息变化趋势。

采集番茄幼苗低温冷害胁迫条件下的叶绿素荧光参数值和图像,探讨各个荧光参数值和图像的横向异质性特征,研究各信息特征的变化趋势,进而为自动化识别冷损伤做准备。

(3)番茄幼苗低温胁迫下基于胁迫损伤区域的冷害分类研究。

连续夜低温胁迫 3 d,采集番茄幼苗低温冷害胁迫条件下的叶绿素荧光动力学参数值、曲线和图像,根据健康区域、过渡区域和冷损伤区域对单叶内的冷害情况进行分级,同时根据每片叶子内健康区域、过渡区域和冷损伤区域的叶绿素荧光参数值 $Y(\text{II})$ 和 $Y(\text{NO})$ 将多片叶子分成健康 L_0 和 L_1、L_2、L_3 和 L_4 共 5 个冷害级别。从生理上对冷损伤进行分级,为植物生理的进一步研究提供了理论基础。

(4)番茄幼苗低温胁迫下基于低温胁迫时间的冷害分类研究。

采集不同胁迫时间下的番茄幼苗叶绿素荧光动力参数值,对相关参数值与冷害时间登记,进行相关性分析,提取极相关特征,确定胁迫的影响及能够筛选番茄低温胁迫叶片的有用参数,提取最大极相关参数图像的彩色颜色符特征、灰度直方图特征和灰度纹理特征,使用神经网络(BP)初步建立冷害胁迫的自动识别模型,进而确定鉴定冷害的最佳识别特征。

(5)番茄幼苗低温胁迫下基于冷害区域面积的冷损伤分类研究。

采集实时荧光值 F 的叶绿素荧光图像,提出基于改进 k-means++聚类方法的冷损伤区域识别方法,根据提取的冷损伤区域面积将冷损伤程度进行量化分级。提取 F 图像的彩色颜色符特征、灰度直方图特征和灰度纹理特征进行相应的降维,获得识别模型的输入特征,使用神经网络(BP)和支持向量机(SVM)及其优化算法多种统计分析模型建立冷损伤分级模型,分析和比较各模型的分类情况。

1.4　本章小结

　　本章简要介绍了番茄及其栽培方式、生长环境和幼苗期的壮苗选择方法，并结合低温胁迫对作物生长环境的影响，阐述了低温胁迫下研究番茄冷损伤的意义；综合分析概述了叶绿素荧光成像技术在植物生长环境温度、光照、水分、营养、盐胁迫和病害胁迫中的应用研究，讨论了目前研究特点和侧重点，提出本书的研究目标及主要研究内容。

第 2 章　叶绿素荧光动力学成像原理

2.1　概　　述

　　叶绿素荧光技术作为光合作用的经典测量方法,已经成为植物生理生态研究领域功能最强大、使用最广泛的技术之一。由于常温常压下叶绿素荧光主要来源于光系统 Ⅱ 的叶绿素 a,而光系统 Ⅱ 处于整个光合作用过程的最上游,因此包括光反应和暗反应在内的多数光合过程的变化都会反馈给光系统 Ⅱ,进而引起叶绿素 a 荧光的变化,因此几乎所有光合作用过程的变化都可通过叶绿素荧光反映出来。与其他测量方法相比,叶绿素荧光技术具有不需破碎细胞、简便、快捷、可靠等特性,因此在国际上得到了广泛的应用。

　　叶绿素荧光成像技术是叶绿素荧光技术中重要的研究技术,被广泛应用于分析研究生物胁迫与非生物胁迫对植物光合作用和生理生态的影响,可以检测肉眼无法辨识的植物胁迫形态,叶绿素荧光检测植物光合生理,一般采用 680~750 波段成像。目前,叶绿素荧光成像技术被广泛应用于植物光合生理生态、植物逆境胁迫生理与易感性、气孔功能、植物环境(如土壤重金属污染响应与生物检测、植物抗性、作物育种、Phenotyping、转基因、稳态荧光成像测量)等研究。而将叶绿素荧光成像技术应用于低温胁迫冷害研究的文献较少,且多止于对植物生理的研究。

本章的主要目的在于:①研究叶绿素荧光技术的原理,以便后期深入学习;②介绍目前所有叶绿素荧光成像系统,重点说明本实验所使用的叶绿素荧光成像仪 IMAGING-PAM,为进一步使用其进行番茄幼苗低温冷害研究做基础;③研究叶绿素荧光成像系统 IMAGING-PAM 所采集的数据:叶绿素荧光参数值、叶绿素荧光动力学曲线和叶绿素荧光成像图像,重点介绍本书中使用的叶绿素荧光图像研究方法、图像分割方法、数据特征选择方法和数据的定量统计分析模型。

2.2　叶绿素荧光原理

光合作用是地球上最重要的化学反应,它利用太阳光能裂解水释放出了地球上绝大多数生命活动所需的氧气,同时固定大气中的 CO_2 合成葡萄糖为新陈代谢提供能量。目前发现整个光合作用过程约包含 60 多个步骤。光合作用根据需光与否,笼统地可分为两个反应,即光反应(Light Reaction)和暗反应(Dark Reaction)(图 2-1)。光反应是必须在光下才能进行的、由光所引起的光化学反应;暗反应是在暗处(也可在光下)进行的、由若干酶所催化的化学反应,光合作用是光反应和暗反应的综合过程。光反应是在类囊体(光合膜)上进行的,而暗反应是在叶绿体的基质中进行的。叶绿素荧光的理论基础来源于光合作用的光反应。在类囊体膜上分布着 PS Ⅱ、Cyt b 6/f、PS Ⅰ 和 ATPase 4 种复合体。光反应可以合成 NADPH 和 ATP 供暗反应所需。叶绿素荧光、气体交换和光合放氧是研究光合作用的三大技术。调制叶绿素荧光技术尽管出现最晚,但由于其测量快速、可靠、灵敏、对样品无损伤等特点,使其迅速受到光合领域科研人员的青睐。

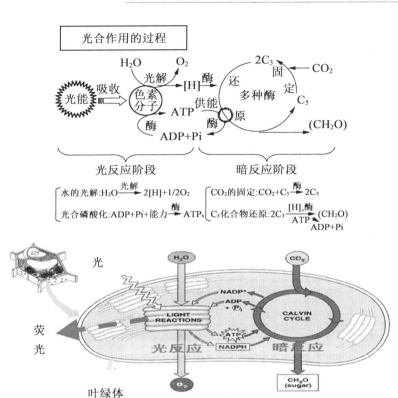

图2-1 光合作用的过程

　　叶片是进行光合作用的主要器官,而叶绿体(Chloroplast)是进行光合作用的主要细胞器。光呼吸中乙醇酸循环一部分在叶绿体里进行,一部分在其他细胞器(过氧化物酶体和线粒体)里进行。Kautsky 和 Hirsh 发现,将暗适应的绿色植物突然暴露在可见光下后,植物绿色组织发出一种暗红色、强度不断变化的荧光(Kautsky 效应)。叶绿素溶液在透射光下呈绿色,而在反射光下呈红色(叶绿素 a 为血红光,叶绿素 b 为棕红光),这种现象称为荧光现象。叶子之所以呈绿色是因为它吸收红光和蓝光而反射绿光。叶绿素分子吸收光能后,会从基态跃迁到激发态。叶绿素可以吸收红光或蓝光。蓝光的能量比红光高,因此吸收红光后色素分子只能跃迁到最低激发态,而吸收蓝光后可以跃迁到较高激发态。但较高激发态很不稳定,会迅速将多余的能量以热的形式耗散掉,回到最低激发态。由此可知,无论吸收红光还是蓝光,其光合效率是相同的,蓝光的多余能量并未用于光合作用。与基态相比,最低激发态也不稳定,也要释放能量回到基态。此时释放的能量有 3 条去路,即光合作用、热耗散和叶绿素荧光(Meroni 等,2009)。因此,叶绿素荧光是植物吸收光能后重新发射出来的一种波长较长、能量较低的红光(其余大部分吸收的光进行了光合作用或热耗散)。绿色植物的叶绿素荧光与植被光合作用关系密切,通过叶绿素荧光的探测能获取植被光合作用信息(Vogelmann 和 Han,2000),可以在植被叶绿素含量或叶面积指数发生变化之前探测到胁迫状态(Tschiersch 等,2017)。

2.3 叶绿素荧光成像设备

1986 年,德国乌兹堡大学的 Schreiber 发明了基于饱和脉冲理论的脉冲振幅调制叶绿素荧光仪,使得光化学淬灭和非光化学淬灭的测量成为可能,实现了不同环境状态下植物荧光信号的检测(岑海燕等,2018),该仪器在植物生理、生态、农学、林学、水生生物学等领域得到了广泛应用。目前叶绿素荧光设备较著名的厂商有捷克的 PhotoSystems Instruments 公司、英国的 HansatechOptics 公司、美国的 PP SYSTEMS 公司和德国的 Walz 公司。本实验中所使用的叶绿素荧光成像仪是德国 Walz 公司的 M 系列调制叶绿素荧光成像系统 IMAGING-PAM。IMAGING-PAM 主控单元为 IMAG-CG(主机电源),LED 光源是 IIMG-MAX/L 蓝光版,这种光源用含有 44 个带平行光学校正超强发光蓝色(450 nm)二极管为激发光源,在距光源 17~20 cm 的地方产生非常匀质的广场。而 IMAGING-PAM 的 CCD 检测器 IMAG-MAX/K7 分辨率为 1 392×1 040 DPI,使用放大镜头 K7-MAX/Z,同时还有一个短波截止滤光片 RG645(Schott),既可以阻挡蓝光,又允许红色的叶绿素荧光和 660 nm 及 780 nm 的光通过,此外,还加有一个长波截止滤光片(λ <770 nm),用于阻止环境中的近红外光的通过。这些滤光片均位于 CCD 和镜头之间,增加镜头的有效聚焦距离。本实验室所购买的 IMAGING-PAM 还配有带遮光护眼罩的支架 IMAG-MAX/GS、实验台 ST-101 及叶距固定架 IMAG-MAX/B,其固定距离为 18.5 cm,采集的荧光图像大小为 10 cm×13 cm,图片格式为 JPG,分辨率为 640×480 DPI 的真彩色图像,像素分辨率为 24 bit。MAXI 蓝光版探头的荧光测量光源有 44 个蓝色 LED,其中 450 nm 用于测量光强度 0.5 $\mu mol \cdot m^{-2} \cdot s^{-1}$,最大光化光强度为 1 200 $\mu mol \cdot m^{-2} \cdot s^{-1}$,饱和脉冲强度为 2 800 $\mu mol \cdot m^{-2} \cdot s^{-1}$。吸光系数测量光源有 16 个红光(650 nm)和 16 个近红外(780 nm)LED,主要用于测量样品 PAR 吸光系数。测量区域光强异质性小于 ±7%。IMAGING-PAM 主要测量参数:F_t、F_0、F_m、F_v/F_m、F、F'_m、$Y(\text{II})$、$Y(NO)$、$Y(NPQ)$、NPQ、q_N、q_P、q_L、ETR、Abs、NIR、Red 等,其成像功能对 F_t、F_0、F_m、F_v/F_m、F、F'_m、$Y(\text{II})$、$Y(NO)$、$Y(NPQ)$、NPQ、q_N、q_P、q_L、ETR、Abs、NIR、Red 等至少 17 种参数进行成像分析,可以测定调节性能量耗散 $Y(NPQ)$,反映植物光保护能力,测定非调节性能量耗散 $Y(NO)$,反映植物光损伤程度。实验中可在测量前或测量后任意选择感兴趣的区域(AOI),程序将自动对选择的 AOI 的数据进行变化趋势分析,并在报告文件中显示相关 AOI 的数据,且所有报告文件中显示的数据都可导出到 Excel 文件中。IMAGING-PAM 系统成像异质性分析功能中对任意参数任意时间的成像,可在图像上任意选取两点,软件自动对两点间的数据进行横向异质性分析,并可导出到 Excel 文件中,且对任意参数任意时间的成像,可分析任意两个荧光数值之间有多少个像素点、多少面积(cm²)。IMAGING-PAM 系统自带的功能多用于对植物的生理研究,若想进行农业工程自动化研究,需要对数据做进一步处理。

2.4 叶绿素荧光动力学参数曲线

2.4.1 叶绿素荧光参数值

叶绿素荧光(CF)参数值是通过 IMAGING-PAM 系统测量的直接可观察值。通过交替饱和脉冲激发光(SP)、动作光(AL)、测量光(ML)和方程计算来获取 CFP,以判断植物光合系统的健康状态,能量转换状态和植物的损伤状态。本书涉及的叶绿素荧光参数及其定义见表 2-1(Gorbe 和 Calatayud,2012;Tschiersch 等,2017):

表 2-1 叶绿素荧光参数及其定义

叶绿素荧光参数	定义
F_0	基础荧光,当所有 PS Ⅱ 反应中心都打开时,在暗适应状态下测量的最小叶绿素荧光强度
F	荧光,触发 SP 时 3 s 内 F_t 的平均值
F_m	暗适应下最大荧光,在施加饱和光脉冲期间,在暗适应状态下测量的最大叶绿素荧光强度
F_m'	光照下最大荧光,在施加饱和光脉冲期间,在光适应状态下测量的最大叶绿素荧光强度
F_v/F_m	PS Ⅱ 最大光合效率,在暗适应状态下测量的 PS Ⅱ 光化学的最大量子产率
$Y(Ⅱ) = (F_m' - F_s)/F_m'$	PS Ⅱ 实际光合效率,PS Ⅱ 中光化学能量转换的有效量子产率
$NPQ = (F_m - F_m')/F_m'$	非光化学淬灭

表 2-1(续)

叶绿素荧光参数	定义
$q_P = (F'_m - F_s)/(F'_m - F'_0)$	光化学淬灭系数
$q_N = (F_m - F'_m)/(F'_m - F'_0)$	非光化学淬灭系数
$q_L = q_P \times F_0/F_s$	湖泊型光化学淬灭系数
$Y(NO) = 1/(PNQ + 1 + q_L(F_m/F_0 - 1))$	PS Ⅱ中非调节能量耗散的量子产额
$Y(NPQ) = 1 - Y(Ⅱ) - Y(NO)$	PS Ⅱ中调节性能量耗散的量子产额

ML 为调制测量光,暗适应状态下只激发色素的本底荧光而不引起光合作用。AL 为光化光,植物实际吸收利用进行光合作用的可见光(400~700 nm)。SP 为饱和脉冲,用于暂时抑制植物的光合作用,测量 F_m 或 F'_m。

2.4.2 叶绿素荧光动力学曲线

荧光随时间变化的曲线称为叶绿素荧光诱导动力学曲线,也被称为 Kautsky 效应。叶绿素荧光(CF)技术通过激发光(SP)、作用光(AL)和测量光(ML)的相互交替获取 5 个关键荧光强度值:F_0、F'_0、F_m、F'_m 和 F_s,根据公式计算植物的光化学淬灭、非光化学淬灭 NPQ 及 PS Ⅱ效率等参数,判断植物光合系统的健康状态、能量转换状态及植物叶片受光能损害状态等(Gorbe, 2012)。IMAGING-PAM 的动力学窗口,可以绘制叶绿素荧光参数随时间的变化曲线,也被称为叶绿素荧光动力学拟合曲线,如图 2-2(a)所示。叶绿素荧光动力学拟合曲线可以反映出植物的生存状态、胁迫、病理等多种信息。在图 2-2(a)中,纵轴为图像上的荧光参数(F_t),水平轴为时间。红色星点和绿色方点分别为荧光动力学曲线采集过程中加饱和脉冲(SP)的 18 个时刻的 F'_m(光下最大荧光)值与 F(荧光)值。图 2-2(b)为 F'_m 和 F 的叶绿素荧光参数 F_t 的拟合曲线。当植物受到胁迫时,可以根据公式(Gorbe, 2012)计算植物的光化学淬灭(q_P)、非光化学淬灭 NPQ 以及 PS Ⅱ效率等参数,判断植物光合系统的健康状态、能量转换状态以及植物叶片受光能损害状态等。

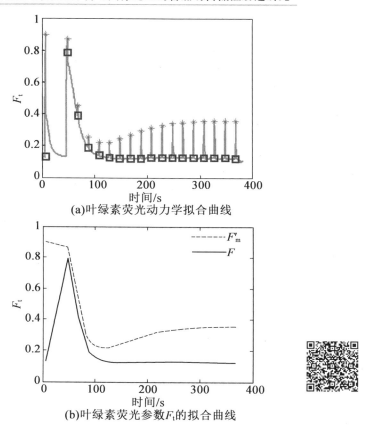

(a)叶绿素荧光动力学拟合曲线

(b)叶绿素荧光参数F_t的拟合曲线

图 2-2　叶绿素荧光动力学拟合曲线

　　所谓饱和脉冲(Saturation Pulse，SP)技术，就是打开一个持续时间很短（一般小于 1 s）的强光关闭所有的电子门（光合作用被暂时抑制），从而使叶绿素荧光达到最大。饱和脉冲可被看作是光化光的一个特例。光化光越强，PSII 释放的电子越多，PQ 处累积的电子越多，也就是说，关闭态的电子门越多，F 值越高。当光化光达到使所有的电子门都关闭（不能进行光合作用）的强度时，就称之为饱和脉冲。打开饱和脉冲时，本来处于开放态的电子门将该用于光合作用的能量转化为叶绿素荧光和热，F 值达到最大值。经过充分暗适应后，所有电子门均处于开放态，打开测量光得到 F_0，此时给出一个饱和脉冲,所有的电子门就都将该用于光合作用的能量转化为了荧光和热,此时得到的叶绿素荧光为 F_m。叶绿素荧光诱导动力学曲线如图 2-3 所示。根据 F_m 和 F_0 可以计算出 PS Ⅱ 的最大量子产量 $F_v/F_m = (F_m - F_0)/F_m$,它反映了植物的潜在最大光合能力。在正常生理状态下,绝大多数 C_3 植物的 F_v/F_m 在 0.8~0.84 之间,当 F_v/F_m 下降时,代表植物受到了胁迫。在光照下光合作用进行时,只有部分电子门处于开放态。如果给出一个饱和脉冲,原本处于开放态的电子门将该用于光合作用的能量转化为叶绿素荧光和热,此时得到的叶绿素荧光为 F_m'。

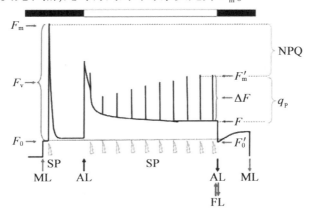

图 2-3 叶绿素荧光诱导动力学曲线

叶片由黑暗转入强光后叶绿素荧光的淬灭过程将样品在黑暗的状态下适应一段时间,然后照射光化光,观察样品的光合机构从暗转到光下的响应过程。叶绿素荧光动力学曲线包含非常多的信息和参数,其中有几个参数与胁迫密切相关:①初始荧光 F_0,在逆境胁迫下,植物的 F_0 值会发生显著的变化,F_0 在某种程度上与色素含量呈线性关系。②PS Ⅱ 最大光化学效率 F_v/F_m,在非胁迫条件下 F_v/F_m 的变化极小,当植物体受到环境胁迫时,其值会显著降低。③表示植物对吸收光能利用的 3 种途径分别占所吸收光总能量比例,对应的参数分别为 $Y(Ⅱ)$、$Y(NPQ)$ 和 $Y(NO)$。其中,$Y(Ⅱ)$ 代表植物吸收的光能中将光能转化为化学能的那部分光能所占的比例;$Y(NPQ)$ 代表吸收的光能中通过常规途径(热或荧光)耗散的那部分光能所占的比例;而 $Y(NO)$ 则代表吸收的光能中通过非常规途径耗散的那部分光能所占的比例,即 $Y(II)+Y(NPQ)+Y(NO)=1$。

2.5　叶绿素荧光动力学成像

2.5.1　叶绿素荧光图像

IMAGING-PAM 中的叶绿素荧光成像系统从宏观上获取细胞、叶子或植物荧光的方式,在获取点叶绿素荧光参数的同时也获得了快速、直观和精确的全局图像。IMAGING-PAM 对样品激发光后,使用滤光片将非荧光波段的光谱滤掉,仅允许特定波段的荧光通过,将此波段光谱中某一光谱强度信号用高灵敏度的相机捕捉并存储为二维图像。为了便于观察图像上的异质性,通常使用不同颜色编码、不同数值的彩色调色板来逐像素地表示图像中的不均匀性(Gorbe 和 Calatayud,2012)。叶绿素荧光成像技术可以检测肉眼无法识别的植物胁迫形态与损伤(图 2-4),及时进行补救措施。

IMAGING-PAM 获取荧光图像时同时生成两种图像,即灰色荧光图像和彩色荧光图像,且都有 R、G 和 B 3 个通量。图 2-5(a)和图 2-5(b)分别为番茄同一叶片的 F_m 图像。为了获得荧光参数的参考值和叶绿素荧光动力学曲线,在叶片中选择两个感兴趣区域(AOI),并选择半径 $R=5$ px 的两个感兴趣区域,获得叶绿素荧光参数值为:点 1(0.640),点 2(0.702)。分析彩色 RGB 图像和灰色 GRB 图像上 R、G、B 分量值和灰度值(Gray)与叶绿素荧光值的关系,如图 2-5(c)和图 2-5(d)所示,图中纵轴为图像上的叶绿素荧光值,横轴为每个空间量在图像上的总个数,而图例分别反映感兴趣区域中通过 IMAGING-PAM 获得的叶绿素荧光值、通过叶绿素荧光灰度图像计算所得值和通过叶绿素荧光彩色图像计算的所得值。

(a)RGB可见光图像

(b)叶绿素荧光图像

图 2-4　RGB 可见光图像与叶绿素荧光图像

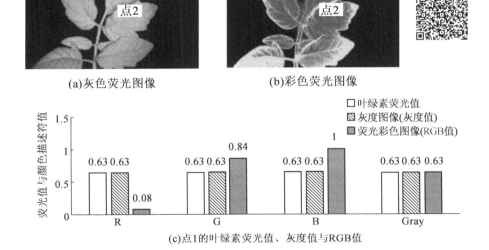

(a)灰色荧光图像　　　　　　　(b)彩色荧光图像

(c)点1的叶绿素荧光值、灰度值与RGB值

图 2-5　荧光值与荧光图像的颜色分量值

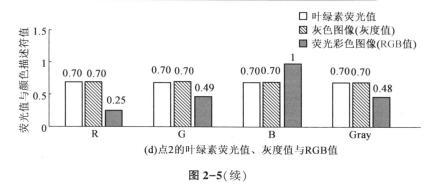

(d)点2的叶绿素荧光值、灰度值与RGB值

图 2-5(续)

F_m 图的两种叶绿素荧光图像上选取两点叶绿素荧光值与灰色荧光图像上的 R、G、B 和灰度值都相等,而这两点叶绿素荧光值与彩色荧光图像上的 R、G、B 通量的关系由彩色转换过程决定。彩色荧光图像上所取点的混色中蓝色较明显($B=1$),同时红和绿色就会偏小。所以,确定灰色荧光图像上的 R、G、B 及灰度值归一化后与相应荧光参数的荧光值相等,即 IMAGING-PAM 所获取的叶绿素荧光值源于采集的叶绿素荧光灰色图像。

2.5.2 荧光图像的颜色模型

颜色模型是指图像颜色空间中可见光的子集,包含颜色域中的所有颜色。一般而言,任何一个色彩域都只是可见光的子集,任何一个颜色模型都无法包含所有的可见光。图像处理常用的颜色空间主要有 RGB、HSV、HSI 和 $L^*a^*b^*$ 等颜色空间模式。

(1)RGB(Red,Green,Blue)颜色空间模式。

由于人眼内的锥状体分为 3 类,分别对红光、绿光、蓝光敏感。对红光敏感的锥状体占 65%;对绿光敏感的锥状体占 33%;对蓝光敏感的锥状体占 2%(敏感度最高)。能够引起视锥细胞活动的光波长范围为 312.3~745.4 nm(可见光),其中波长 445 nm 为蓝色,535 nm 为绿色,575 nm 为红色。所以最常见的颜色空间模式为 RGB 颜色空间模式,也称加色法混色空间模式,它是以红、绿、蓝三色光互相叠加来实现混色的方法(Sabine 等,

1999)。在计算机上显示一幅彩色图像时,用 RGB 颜色空间模式表示的图像包含 3 个图像分量,分别为红、绿、蓝三原色相对应,各个原色混合在一起可以产生复合色。RGB 颜色空间模式通常采用单位立方体来表示,此模式是基于笛卡儿坐标系统。3 个轴分别对应 R(红色)、G(绿色)、B(蓝色)在正方体的主对角线上。各原色的强度相等,产生由暗到明的白色,也就是不同的灰度值。(0,0,0)为黑色,(1,1,1)为白色。正方体的其他 6 个角点分别为红、黄、绿、青、蓝和品红。

（2）HSV(Hue, Saturation, Value)颜色空间模式。

HSV 颜色空间模式对应于圆柱坐标系中的一个圆锥形子集。圆锥的顶面对应于 $V=1$,它包含 RGB 模式中 $R=1$,$B=1$,$G=1$ 三个面,所代表的颜色较亮。HSV 是一种将 RGB 色彩空间中的点在倒圆锥体中的表示方法(Schwarz 等,1987)。

（3）HSI(Hue,Saturation,Intensity)颜色空间模式。

HSI 颜色空间模式从人的视觉系统出发,用色调、色饱和度和亮度来描述色彩。HSI 颜色空间可以用一个圆锥空间模式来描述。由于人的视觉对亮度的明暗度远强于颜色浓淡的明暗度,故常采用 HSI 颜色空间模式进行图像处理。

（4）L*a*b*颜色空间模式。

图像处理常用的颜色空间主要有 RGB、HSV(HSI)和 L*a*b*等颜色空间模式,根据横向异质性分析 L*a*b*颜色空间模式最适于本实验。L*a*b*颜色空间模式是用来描述肉眼可见的所有颜色的最完备的色彩模式,往往又称为 CIELAB 颜色空间模式,是一种均匀的颜色空间模式。L*a*b*颜色空间模式由 3 个分量组成:L(亮度)、a(色度,$+a$ 表示红色,$-a$ 表示绿色)和 b(色度表示,$+b$ 表示黄色,$-b$ 表示蓝色)(Wang 等,2014;Schwarz 等,1987)。从 0～100 的 L 值显示为从黑色逐渐变为白色,并且 a 和 b 的值均在 -128～$+127$ 范围内。a 值从小到大(表示绿色到红色)和 b 值从小到大(表示为从蓝色到黄色)的变化(Wang 等,2014)。由于 RGB 颜色空间模式无法直接转换为 L*a*b*颜色空间模式,因此将 RGB 颜色空间模式转换为 XYZ 颜色空间模式,然后将 XYZ 颜色空间模式转换为 $L^*a^*b^*$ 颜色空间模式。转换公式如下(杨信廷等,2016;Kuehni,2003):

$$\begin{bmatrix} X \\ Y \\ Z \end{bmatrix} = \begin{bmatrix} 2.768\,9 & 1.751\,8 & 1.130\,2 \\ 1.000\,0 & 4.590\,7 & 0.060\,1 \\ 0.000\,0 & 0.056\,5 & 5.594\,3 \end{bmatrix} \begin{bmatrix} R \\ G \\ B \end{bmatrix} \tag{2-1}$$

$$L^* = \begin{cases} 116f\left(\dfrac{Y}{Y_0}\right)^{\frac{1}{3}} - 16, & \dfrac{Y}{Y_0} > 0.008\,856 \\[3mm] 903.3f\left(\dfrac{Y}{Y_0}\right)^{\frac{1}{3}}, & \dfrac{Y}{Y_0} \leqslant 0.008\,856 \end{cases} \tag{2-2}$$

$$a^* = 500\left[f\left(\frac{X}{X_0}\right) - f\left(\frac{Y}{Y_0}\right)\right] \tag{2-3}$$

$$b^* = 200\left[f\left(\frac{Y}{Y_0}\right) - f\left(\frac{Z}{Z_0}\right)\right] \tag{2-4}$$

式中,X_0、Y_0 和 Z_0 分别表示对应于 X、Y、Z 的参考白点。在 $L^*a^*b^*$ 颜色空间模式中,所有颜色信息都包含在 a^* 和 b^* 空间分量中。

2.6　本章小结

　　本章分析了叶绿素荧光技术的原理和叶绿素荧光成像设备,研究了叶绿素荧光动力学曲线参数与曲线,并对研究中使用的叶绿素荧光图像做了简要分析,为应用叶绿素荧光成像技术实现低温冷害胁迫下番茄幼苗冷损伤的识别及分级提供理论支撑和技术支持。

第3章　基于叶绿素荧光成像研究低温对番茄幼苗的影响

3.1　概　　述

低温(Low Temperature, LT)是限制植物地理分布和作物生产的主要环境因素之一(Barrerogil 等, 2016)。低温影响植物的生长发育、生理特性和光合特性等。番茄对低温敏感(Zhang 等, 2004),因此它们在种植过程中容易受到冷害胁迫(Ma 等, 2013)。在我国北方,设施农业发展迅速,并以太阳能温室为主。太阳能是这些温室的主要热源。温室中的番茄往往在夜间遭遇低于 10 ℃ 的温度,一旦温室中的植物长时间在低温下生长,将会导致农业生产和经济损失严重。尽早监测到番茄的冷害,并在番茄的低温胁迫中采取相应的补救措施,以保护番茄的后期发育变得重要。

低温对光合作用的影响很复杂,它能破坏所有光合作用的组成成分和类囊体电子传递,以及水分平衡的破坏、脂质过氧化、碳水化合物的积累和 RuBP 的失活。光合作用作为作物产量的重要决定因素,在逆境条件时对植物光合作用的影响的研究具有重要的研究价值(隽加香, 2015)。因叶绿素荧光可无损获取植被光合作用信息(Rey 等, 2016),故而被广泛用于检测植物被胁迫状态(Bai 等, 2017; Ranulfi 等, 2016)和早期预警(Hutchinson, 1991)。实际上,胁迫伤害在空间上是不均匀的,并且可能发生对光合能力和气孔孔径的不均匀影响,从而在同一片叶上也展现出不同的荧光活性

（Meyer 等,2001）。自从 Björn 和 Forsberg（1979）应用叶绿素发光成像揭示对病原体反应不均匀叶片光合作用的开创性研究以来（Meyer 等,2001）,目前已有专家使用荧光成像对种子的培育（Bauriegel 等,2014）、果痂（Étienne 等,2013）检测及叶片病害监测（Fmv 等,2011）等方面进行研究,但利用叶绿素荧光成像识别叶片冷害状况的报道少见。番茄在受到低温胁迫后,发育变得迟缓,严重时叶片卷曲,叶片比同期健康叶子小,叶绿素分布改变。

  本章的主要目的在于:①应用叶绿素荧光成像研究在低温胁迫后番茄幼苗的冷害胁迫情况,分析不同程度的低温胁迫对番茄叶片的影响在荧光参数 F、$Y(\mathrm{II})$、$Y(\mathrm{NPQ})$、$Y(\mathrm{NO})$、q_P、q_L 图像中产生显著空间异质性,推荐 $Y(\mathrm{II})$ 值作为冷害敏感参数;②将叶绿素荧光参数灰度图像的直方图,以及能量（ASM）、熵（ENT）、惯性矩（INE）和自相关（COR）的平均值及标准差作为冷敏感指标来检测冷胁迫对植物的影响。

3.2　实验准备

3.2.1　实验材料

  供试番茄品种为"辽园多丽",它是中国东北地区广为种植的一种品种,具有耐低温性。实验于 2017 年冬季在沈阳农业大学设施农业生物信息检测实验室内进行。首先,2017 年 11 月 25 日将种子播种于穴盘中,待番茄幼苗长至 2 叶 1 心时移植于塑料营养杯中（10 cm×10 cm）。其次,当幼苗长到 5 片叶子 1 心时,将 20 株具有基本相同生长形式的壮苗放入第 1 个人工气候箱中,以进行适当的温度培养,平均昼夜温度为 25 ℃/15 ℃（Zhang 等, 2014）,光照强度设置:20:00~次日 8:00 为 0%,8:00~20:00 为 100%,湿度为 75%。衡量一批苗中相对壮苗的标准可分为外部形态标准和生理生化标准。外部形态标准概括起来说是根深、叶茂、径粗,叶绒毛多,植株无病虫害,无机械损伤;生理化标准主要是光合能力强,根系活性大,叶绿素含量高,碳氮适宜。人为视觉上选择壮苗的同时,选择植株中叶片 $F_v/F_m>0.75$ 的叶子用于实验。3 d 后,将 10 株番茄幼苗从第 1 个人工气候箱转移到第 2 个人工气候箱中,并经受夜间温度为 5 ℃ 的低温胁迫,每天 12 h,持续 3 d,白天温度维持在 25 ℃,而光照和湿度参照第 1 个人工气候箱。第 1 个人工气候箱中的 10 株植物用作对照组,环境设置保持不变。最后,在第 3 天每天早上 8:00 点收集来自两个人工气候箱里番茄幼苗的叶绿素荧光图像。记录每片叶子中的 F_0、F、F_m、F_m'、F_v/F_m、$Y(\text{II})$、$Y(\text{NPQ})$、$Y(\text{NO})$、$NPQ/4$、q_N、q_P 和 q_L 共 12 个叶绿素荧光参数图像进行测试,每天重复 20 次,每片叶子重复 3 次。两个人工气候箱与 IMAGING-PAM 在同一个实验棚内放置,采集时实验棚内处于全黑状态以消除光照可能带来的影响。

3.2.2　图像获取方法

对于叶绿素荧光成像,使用 MAG 版本的 IMAGING-PAM 的 M 系列 (Heinz Walz GmbH,Effeltrich,Germany)。选择每株植物从顶部到底部的第 3 片叶子作为实验叶片。将番茄幼苗连续 3 晚进行低温胁迫(5 ℃),每天早上 8:00 收集叶绿素荧光图像,每次收集实验重复 3 次。实验在附着的和健康的叶子上进行(图 3-1),实验前对番茄植株进行暗适应 30 min。在获取荧光灰度图像之后,借助于伪彩色编码程序,将荧光参数的 RGB 彩色图像从黑色(开始于 0.000)显示为红色、黄色、绿色、蓝色至品红色(结束于 1.000)。为了获得荧光参数的参考值和荧光动力学曲线,在叶片区域中选择至少一个感兴趣区域(AOI),并选择最小 AOI 直径以减小对图像后处理的影响。

图 3-1 收集荧光图像的测试平台

3.3 荧光图像研究

3.3.1 可见光 RGB 彩色图像

在计算机上显示叶绿素荧光图像时,由可见光 RGB 颜色模型表示的图像包含红色、绿色和蓝色三原色,通过混合原色产生复合颜色。可见光 RGB 颜色模型通常由单位立方体表示,立方体的 8 个角点分别是黑色、白色、红色、黄色、绿色、青色、蓝色和品红色。R、G 和 B 分量的加权和由方程式计算获得 RGB 图像中的叶绿素荧光值(Reder 和 Farris,2015)。

$$叶绿素荧光值 = 0.3 \times R + 0.59 \times G + 0.11 \times B \qquad (3-1)$$

在实验中,叶绿素荧光参数以灰度值的形式反映在图像上,因此荧光参数图像为灰度图像。而荧光参数的变化在灰度图上反映并不明显,本书为了方便观察冷害现象,使用了可见光 RGB 彩色图像的假彩色系统,即将一维荧光数值映射为三维 RGB 值,以彩色图像的形式显示番茄叶片。假彩色模型中将所有的荧光灰度图像在原图范围内归一化,取值范围均为 [0,1],将颜色空间分为 6 个梯度,分别为黑、红、黄、绿、蓝和品红(Osório 等,2014)。为了更好地研究灰度图像和 RGB 彩色图像之间的关系,可以使用三维图像。低温胁迫后,叶片某些区域的颜色由红色变为黄色,随着荧光值的增加变为绿色。值得注意的是,荧光值达到1的位置是由捕获图像时绘制的白色圆圈引起的。在假彩色图像中灰度值小于等于0.038的点被判断为黑色背景,灰度值大于0.038的点被判断在叶子区域中,叶子从红色变为黄色,然后随着荧光值增加而变为绿色,并且荧光值达到1的位置则由捕获图像时绘制AOI区域边界的白色圆圈引起。

3.3.2 荧光灰度图像的直方图

荧光灰度图像的直方图(Histogram)是灰度级的函数,反映图像中每种灰度出现的频率(Shahangian 和 Pourghassem, 2016)。灰度直方图的横坐标是灰度级,纵坐标是该灰度级出现的频率。从概率的观点来理解,灰度出现的频率可看作其出现的概率,这样直方图就对应于概率密度函数,而概率分布函数就是直方图的累积和,即概率密度函数的积分。若从代表每种灰度的象素数目来计算直方图,常用如下公式表示:

$$A(r) = \int_0^r H(r)\,\mathrm{d}r \tag{3-2}$$

$$A_0 = \int_0^{255} H(r)\,\mathrm{d}r \tag{3-3}$$

式中,A_0 为图像的总面积或像素总数目,则概率密度为 $p(r) = \dfrac{H(r)}{A_0} = \dfrac{\mathrm{d}A(r)/\mathrm{d}r}{A_0}$,$P(r) = \dfrac{A(r)}{A_0}$。而在离散情况下,取 $\mathrm{d}r = 1$ 时,$p(r) \approx \dfrac{\mathrm{d}A}{A_0}$,若记像素总数为 n,灰度为 r_k 的像素数为 n_k,则概率密度 $p(r_k) = \dfrac{n_k}{n}$,而概率分布函数 $P(r_k) = \displaystyle\sum_{i=0}^{k} \dfrac{n_i}{n}$。

3.3.3 灰度图像的纹理特征

纹理特征是表征灰度信息的主要特征之一。灰度共生矩阵（Gray-level Co-occurrence Matrix, GLCM）是常用的纹理计算方法（Tamura、Mori 和 Yamawaki，1978）。灰度共生矩阵是像素距离和角度的矩阵函数，是用计算图像中两点灰度之间的相关性来反映图像中的各种信息，如方向、变化幅度及变化快慢等（Zhang 等，2007）。在图像上任意两个像素点 $g(u,v)$ 和 $g(m,n)$，其中 u 和 m 表示像素点的横坐标，v 和 n 表示像素点的纵坐标，d 表示两个像素之间的空间位置关系，θ 表示两点之间的角度，其中 θ 可以有多个取值，表示不同的方向，i 和 j 表示像素点 g 的灰度。矩阵元素的归一化方法如公式（3-4）所示。

$$\boldsymbol{P}(i,j,d,\theta) = \frac{\boldsymbol{p}(i,j,d,\theta)}{N} \tag{3-4}$$

式中，$\boldsymbol{P}(i,j,d,\theta)$ 表示归一化之后的灰度共生矩阵；$\boldsymbol{p}(i,j,d,\theta)$ 表示总体共生短阵；N 表示在该矩阵中全部像素点的个数。在本书中，d 取值为 1，θ 分别取 4 个值，即（0°，45°，90°，135°）。在选择参数时，根据比较研究，选取其中最主要的 4 个参数，包括能量（ASM）、熵（ENT）、惯性矩（INE）及自相关（COR）。每幅图的 4 个统计方向求其平均值和标准差，共计 8 个参数，用于表征图像的灰度分布（卢劲竹，2016）。上述参数的计算公式如下：

$$\text{ASM} = \sum_i \sum_j \left[\boldsymbol{P}(i,j,d,\theta)^2 \right] \tag{3-5}$$

$$\text{ENT} = -\sum_i \sum_j P(i,j,d,\theta) \log P(i,j,d,\theta) \tag{3-6}$$

$$\text{INE} = \sum_i \sum_j (i-j)^2 \boldsymbol{P}(i,j,d,\theta) \tag{3-7}$$

$$\text{COR} = \frac{\sum_i \sum_j (i \times j) \boldsymbol{P}(i,j,d,\theta) - \mu_x \mu_y}{\sigma_x \sigma_y} \tag{3-8}$$

式中，$\mu_x = \sum_i \sum_j i \times \boldsymbol{P}(i,j,d,\theta)$，$\mu_y = \sum_i \sum_j j \times \boldsymbol{P}(i,j,d,\theta)$，$\sigma_x = \sum_i \sum_j (i-$

$\mu_x)^2 \times P(i,j,d,\theta)$，$\sigma_y = \sum_i \sum_j (i - \mu_y)^2 \times P(i,j,d,\theta)$。上述特征参数中，能量是灰度共生矩阵元素值的平方和，取值范围为 $[0,1]$。它用于衡量图像灰度分布均匀程度和纹理粗细程度，当图像较细致、均匀时，能量的数值比较大，当能量为最大值（ASM=1.0）时，表明区域内灰度分布完全均匀；反之，灰度一致的图像能量为 1。熵（Entropy）描述了图像的非均匀程度或复杂度，图像越无序，熵越大，图像越有序，熵越小，熵为零时无纹理。惯性矩反映了纹理变化快慢、周期性大小，惯性矩的数值越大，表明纹理周期性越大（卢劲竹，2016）。自相关（Correlation）表明灰度共生矩阵在行或列方向上的相似程度，相关值的大小反映了图像中局部灰度相关性，当矩阵元素值均匀相等时，相关值就大。

3.4　结果与分析

3.4.1　荧光彩色图像的冷害分析

在分析荧光图像的横向异质性的同时，通过用于视觉观察的假色系统程序对灰度图像进行着色，并且可以通过不同的颜色在视觉上反映番茄叶的低温胁迫荧光图。图 3-2 是 F_0、F、F_m、F'_m、F_v/F_m、$Y(\text{II})$、$Y(\text{NPQ})$、$Y(\text{NO})$、$NPQ/4$、q_N、q_P、q_L 的彩色荧光图像。同时，对 12 个图像的相同位置进行横截面异质性分析，观察叶片的荧光活性。可以看出，所有图像的线段 AB 从非叶片位置点 A 出发结束于冷害严重点 B 处。F_0 的荧光成像无明显异质性；而 F 的荧光成像具有明显的异质性，无冷害处为橘黄色，冷害处颜色由黄变为绿色，叶片上有明显的冷害斑迹。F_m 与 F'_m 的荧光成像有明显的异质性，叶边缘与叶脉处有异质性变化，但冷害并不明显。F_v/F_m 的荧光成像无明显异质性，持续在正常取值范围 0.8 左右，表现为蓝紫色；而

$Y(\text{II})$ 的荧光成像具有明显的异质性,无冷害处为青色,随着冷害的加剧,$Y(\text{II})$ 值减小,颜色由青色变为绿色,冷害严重处有明显的橘黄色斑迹。$Y(\text{NPQ})$ 的荧光成像有明显的异质性,无冷害处为橘黄色,随着冷害的加剧,$Y(\text{NPQ})$ 增大,图像上冷损伤区域颜色变为绿色,冷害严重处有明显的青色斑迹;而 $Y(\text{NO})$ 的荧光成像具有明显的异质性,无冷害处为黄绿色,随着冷害的加剧,$Y(\text{NO})$ 增大,严重处有明显的绿斑迹。$\text{NPQ}/4$ 的荧光成像与 $Y(\text{NPQ})$ 的荧光成像相似,无冷害处为橘黄色,随着冷害的加剧,$\text{NPQ}/4$ 增大,颜色由橘黄色变为绿色,冷害严重处有明显的青色斑迹,但枝茎处有明显的冷害;而 q_N 的荧光成像具有明显的异质性,无冷害处为黄绿色,随着冷害的加剧,q_N 先增大再减小,严重处有明显的青色斑迹。q_P 的荧光成像具有明显的异质性,无冷害处为品红色,严重处有明显的橘黄色斑迹;而 q_L 的荧光成像具有明显的异质性,无冷害处为紫青色,随着冷害的加剧,严重处有明显的红色斑迹。

图 3-2　荧光参数的彩色图像

图 3-2(续)

在所有图像上,过背景,叶片上无冷损伤区域,叶片轻度冷损伤区域和叶片严重冷损伤区域画一条线段 AB。图 3-3 所示为 AB 线段处在 F_0、F、F_m、F'_m、F_v/F_m、$Y(\mathrm{II})$、$Y(\mathrm{NPQ})$、$Y(\mathrm{NO})$、$\mathrm{NPQ}/4$、q_N、q_P、q_L 共 12 副图中的横截面异质性分布,其中点 A 坐标为(424,464),点 B 坐标为(328,302),图像中的水平轴为线段 AB 上的点到点 A 的距离,垂直轴为线段 AB 上点在不同颜色空间的值。从图中可以看出,从左到右为 A 到 B,随着冷害的加剧,F_0 与 F_v/F_m 无明显横截面异质性,F_m 与 F'_m 仅在叶边缘与叶脉处有异质性变化;随着冷害的加剧,F 值增大,$Y(\mathrm{NPQ})$、$\mathrm{NPQ}/4$ 与 q_N 先增大再减小,$Y(\mathrm{NO})$ 虽持续增大,但冷害初期变化不明显,q_P 与 q_L 急速减小,但在叶脉处有明显的参数波折变化,$Y(\mathrm{II})$ 值在持续减小且在冷害初期就有明显的下降趋势,而且在叶脉的位置也没有明显的参数值波折变化。

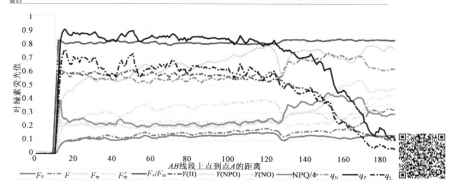

图 3-3　*AB* 横截面的荧光参数值异质性分析

当植物遭受低温胁迫后,对荧光灰度图像彩色着色的同时分析荧光灰度分布,可以从视觉上和实际荧光参数值两个方向同时表达荧光参数的横截面异质性分布。F_0 与 F_v/F_m 在荧光图像上无明显的空间异质,对低温不敏感。这个发现与 Hogewoning 和 Harbinson 的研究结果一致(Hogewoning 和 Harbinson,2007)。黑暗中冷害不会影响 PS Ⅱ 效率,而光照条件下低温胁迫在孔雀竹芋斑叶中引起严重的光抑制,测量中 F_v/F_m 的异质性降低。F_m 与 F_m' 同样在黑暗中监测时对冷害检测识别效果一般,仅在叶边缘与叶脉处有明显的异质性变化,胁迫区域的异质性较低,这与遭受渐进性胁迫玫瑰植物中 F_m 在中脉旁边值较高的研究一致(Calatayud、Roca 和 Martínez,2006)。虽然 Devacht(2011)和 Lootens(2011)等建议将 NPQ 作为筛选工业菊苣植物冷敏感性的有用参数,但是在番茄幼苗叶片的 NPQ/4 与 q_N 图像上变化趋势基本一致,且都受叶脉影响较大,因此这两个参数在监测番茄幼苗叶片冷害时识别度一般。需要注意的是,F、$Y(Ⅱ)$、$Y(NPQ)$、$Y(NO)$、q_P、q_L 这几个参数图像上的冷损伤区域明显。从背景区域、叶片上相对健康的区域、轻度冷伤区域到严重的冷伤区域过程中,F 在增大,尤其是在冷损伤区域,q_P 与 q_L 在急速减小,但这 3 个参数的图像在分割冷害时易受叶脉影响;$Y(NPQ)$ 反映植物的光保护情况,随着冷胁迫的加剧,$Y(NPQ)$ 先增大再减小,图像颜色由黄色变成绿色再变成蓝色后,最后恢复至绿色,说明照光后无胁迫的区域热耗散低,过渡区通过增加热耗散来保护自身,绿色表示两个不同程度的损伤,在检测时不易识别是在哪个阶段。$Y(NO)$反映植物的光损伤情况,在冷胁迫加剧过程里持续增大,且对冷害初期感应不灵敏,适用于当胁迫变得更加严重时的监测(Elisa 和 Angeles,2012)。反映植物光合活性的参数 $Y(II)$ 与光化学淬灭系数 q_P 和 q_L 的变化趋势基本一致,都对初期冷害感应比较敏感,且随着冷胁迫由轻变重,这 3 个参数在逐渐变小,这与 Osório 等(2014)的研究即在胁迫下 $Y(II)$ 和 q_P 的变化趋势一致。但 q_P 与 q_L 在分析番茄叶片时易受叶脉的影响,而 $Y(II)$ 值不易受叶脉影响,且在每阶段的彩色表示里都是独一无二的。因此,$Y(II)$ 荧光参数可用于评估冷害早期番茄叶片的损伤,推荐用 $Y(II)$ 作为基于荧光灰度图像筛选番茄叶片冷敏感性的有用参数。

3.4.2 荧光灰度直方图的冷害分析

灰度值是表达图像灰度的一个重要指标,荧光灰度直方图可以表示图像中具有每种灰度级的像素的个数。图 3-4 所示为叶绿素荧光参数$Y(II)$的伪彩色图像与相应的灰度图像直方图。

叶绿素荧光图像

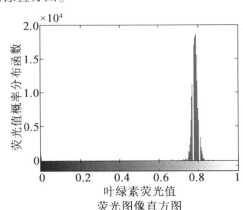

叶绿素荧光值
荧光图像直方图

(a)健康叶片

图 3-4 叶绿素荧光参数 $Y(II)$ 的伪彩色图像
与相应的灰度图像直方图

叶绿素荧光图像

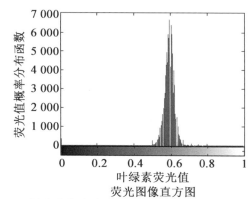

荧光图像直方图

(b)轻度冷害叶片

叶绿素荧光图像

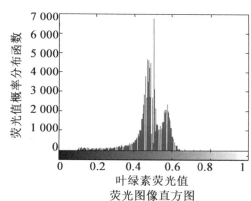

荧光图像直方图

(c)中度冷害叶片

图3-4(续)

叶绿素荧光图像

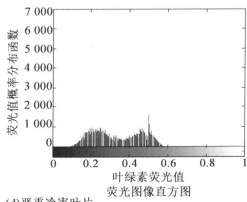

荧光值概率分布函数

叶绿素荧光值

荧光图像直方图

(d)严重冷害叶片

图3-4(续)

从图3-4可以看出,健康叶片为蓝紫色时,全图的 $Y(\mathrm{II})$ 的取值范围为(0.6,1],且只有一个峰值,该值在正常取值范围内;随着冷害的加剧,$Y(\mathrm{II})$ 值减小,当图像上出现青色时,$Y(\mathrm{II})$ 值通常降到(0.4,0.5],且此时依然只有一个峰值;当图像上出现绿色时,直方图峰值由一个变成了两个,$Y(\mathrm{II})$ 值已下降到(0.3,0.4];而当图像上出现橘黄色冷害斑迹时,不止峰值变为两个,$Y(\mathrm{II})$ 也明显继续左移,荧光参数值已下降到(0.038,0.3],而图像中[0,0.038)区域为非叶片的背景区域。为了进一步分析冷害对番茄幼苗叶片的影响,将区间(0.038,1]分为4个区间,即 A:(0.038,0.3],B:(0.3,0.5],C:(0.5,1],D:(0.7,1]。首先计算图像中所有值不为0的像素点的个数 N_{total},并分别统计 A、B、C 和 D 区间的像素数 N_A、N_B、N_C 和 N_D。表3-1中显示的是图3-4中每个样本 A、B、C、D 区间的像素数目占总数目的百分比 Per_A、Per_B、Per_C 和 Per_D。从表3-1中可以看出,随着冷害胁迫的影响,番茄叶片的 $Y(\mathrm{II})$ 值明显左移,Per_A 和 Per_B 所占像素总数的比例也越来越大。

表3-1　A、B、C、D区间的像素数目占总数目的百分比

	Per_A	Per_B	Per_C	Per_D
1	0	$1.846\ 335\ 639\ 201\ 4e\times10^{-5}$	0.006 037 517 540 188	0.993 944 019 103 420
2	0	0.000 132 171 691 026 6	0.994 437 774 669 295	0.005 430 053 639 677
3	0.045 967 393 889 21	0.515 065 573 337 326	0.436 668 222 693 924	0.002 298 810 079 533
4	0.456 809 612 849 83	0.396 453 422 432 026	0.145 005 057 781 320	0.001 731 906 936 823

从 $Y(\text{II})$ 的灰度直方图可知,健康叶片的灰度集中在区间(0.6,1],而随着冷害胁迫的影响,番茄叶片的灰度值左移,即随着冷害胁迫的影响,$Y(\text{II})$ 值减小,尤其在冷损伤斑迹出现后,灰度值分布变得分散。在冷害叶片的灰度直方图中可观察到两个峰值,胁迫越严重,冷害区域峰值越大,健康区域峰值越小,区间(0.038,0.5]所占荧光值总数的比例也越来越大。该现象的原因可能是冷害诱导叶片上的叶绿素浓度发生变化,通常情况下番茄叶片的边缘受冷害感染更严重,严重时会产生黄化和卷曲的症状。

3.4.3　荧光灰度图像纹理的冷害分析

纹理是一种反映图像中同质现象的视觉特征,它体现了物体表面的结构组织排列属性,可以鉴别胁迫的影响(Xie 和 Mirmehdi,2008;Lu、Zhang和 Jiang,2016)。对图3-4中番茄叶片进行纹理计算,从表3-2可以看出,随着冷害胁迫的影响,能量值和相关值的平均值及标准差逐渐减小,熵和惯性的平均值和标准差却在增加。在冷害灰度荧光图上,均匀度和纹理粗细度变差,非均匀性的复杂度提高,纹理的变化慢,纹理周期变长,且行或列方向上的相似程度变小,图像变得越来越无序,这可能与冷害后叶绿素浓度区域变化有关。

表 3-2 纹理特征

图像	1	2	3	4
mean(E)能量	0.835 914 199	0.459 199 99	0.165 377 908	0.090 959 449
mean(H)熵	0.488 410 259	1.296 173 05	2.326 569 263	2.707 465 147
mean(I)惯性矩	0.144 800 09	0.385 730 013	0.401 284 569	0.477 820 262
mean(C)相关	0.812 778 964	0.711 159 162	0.434 609 561	0.220 962 629
sqrt(cov(E))	0.000 714 978	0.001 705 565	0.002 182 751	0.005 047 591
sqrt(cov(H))	0.004 275 299	0.007 456 011	0.021 920 077	0.056 029 646
sqrt(cov(I))	0.011 103 164	0.018 866 152	0.020 298 509	0.051 667 523
sqrt(cov(C))	0.790 350 809	0.154 404 935	0.002 246 255	0.001 473 368

  本书提出从荧光灰度图像出发研究低温胁迫,归一化后的图像灰度值与荧光值相对应,通过对所有番茄幼苗叶片样本数据的图像灰度值分析,可以进一步说明番茄的健康叶片和冷害叶片在荧光值上的差异性。随着胁迫的加重,荧光参数灰度图像的直方图发生移动,荧光参数值由原来集中于健康参数值附近变成分散分布,而峰值也由一个变成两个时通常是诊断植物受到胁迫的重要指标,荧光值分布占比明显改变;与此同时,灰度图上荧光分布均匀程度、纹理粗细程度、复杂度及纹理变化快慢、周期性大小以及行或列方向上的相似程度发生变化。显而易见,荧光灰度图像的直方图和纹理特征是评估低温胁迫很好的指标。

3.5　本章小结

  叶绿素荧光成像被证明是一种有用的技术,用于研究在低温胁迫后番茄幼苗的冷害胁迫情况。研究表明,不同程度的低温胁迫对番茄叶片的影响在荧光参数 F、$Y(\text{II})$、$Y(\text{NPQ})$、$Y(\text{NO})$、q_P、q_L 图像中产生显著空间异质性,尤其 $Y(II)$ 值对冷害敏感并且不受叶脉的影响。此外,该研究结果还表明,荧光参数灰度图像的直方图,以及能量(ASM)、熵(ENT)、惯性矩(INE)、自相关(COR)的平均值与标准差,是检测冷害胁迫的良好指标。因此,荧光成像技术是番茄植株冷害诊断的有力工具,该研究对进一步自动检测冷胁迫对植物的影响具有重要意义。

第4章 基于低温胁迫时间的番茄幼苗冷损伤研究

4.1 概　　述

绿色植物的叶绿素荧光与植被光合作用关系密切,通过叶绿素荧光的探测能获取植被光合作用信息(Vogelmann 和 Han,2000),可以在植被叶绿素含量或叶面积指数发生变化之前探测到胁迫状态(Tschiersch 等,2017),因此该技术被广泛应用于植物各类胁迫状态的监测和预警(Rey 等,2016;Moriyuki 和 Fukuda,2016)。随着叶绿素荧光技术的发展,无损获取番茄冷害胁迫信息成为一种有效途径。

近年来,国内外研究者针对植物胁迫的荧光研究主要集中在叶绿素荧光动力学(Mathur 等,2015;Srinivasarao 等,2016)或荧光光谱特征的分析(Ranulfi 等,2016;Airon 等,2012),其相关指数可反映出植物的生存状态、胁迫、病理等多种信息(Panigada 等,2014;Hsiao 等,2010)。如 Blumenthal 等(2014)对荧光动力学曲线上的 150 个数据点建立隐马尔可夫模型以区分出不同胁迫种类和胁迫等级;Jedmowski 和 Brüggemann (2015)通过覆盖大面积地理光谱,由叶绿素荧光(CF)诱导(OJIP)快速动力学测量 20 种野生大麦的热胁迫影响。Jutamanee 和 Rungwattana(2017)测量了不同光照强度条件下大叶章叶片的光合作用和叶绿素荧光特性。这些研究大都是基于植物叶片上点信息的研究,在胁迫过程中,胁迫损伤在空间上往往是不均匀的,并且可能发生对光合能力和气孔孔径的不均匀影响,使得在同一叶上也表现出不同的荧光活性(Meyer 等,2001)。

番茄对低于 10 ℃的温度非常敏感(Lyons 1973),并且不适应冷驯化(Zhang 等,2004;Barrerogil 等,2016)。在本书中,基于叶绿素荧光成像的荧光参数值、直方图、纹理和颜色描述的 4 种类型特征进行了实验,以证明利用叶绿素荧光成像早期检测番茄冷害的可行性。本章有 3 个具体的研究目标:①评价叶绿素荧光参数值自动检测番茄幼苗冷害类型的潜力;②分析叶绿素荧光图像的直方图、纹理和颜色描述符特征,以区分没有冷害的叶片和不同类别的冷害;③比较极强相关特征的能力,以识别冷害并确定最合适的特征识别方法。

4.2　实　验　准　备

4.2.1　实验材料

该实验于 2018 年 12 月和 2019 年 3 月在沈阳农业大学设施农业生物信息检测实验室进行。本实验的番茄品种是"园艺 L-404",它是一种在中国东北地区广泛种植的番茄。番茄植物在温室栽培盆内生长,当番茄幼苗长到 5 叶 1 心时,将 60 株具有基本相同生长的植物转移到人工气候室中。在人工气候室中,植物在由暖白色荧光管提供的 600 μmol·m^{-2}·s^{-1} 光合有效辐射(PAR)的辐照下生长,具有 12 h 的光周期。白天温度保持在 25 ℃,并且夜间保持在 15 ℃,相对湿度为 75%。在这些条件下,这种植物的生长是旺盛的。一周后,将番茄幼苗在人工气候室中进行低温胁迫,夜间温度为 5 ℃,持续 12 h,白天温度仍为 25 ℃,而光照和湿度保持原来的设置。实验在活体未离植株的健康叶片上进行。叶绿素荧光参数分析如图 4-1 所示。实验前对番茄植株进行暗适应 30 min,实验采集时实验棚内处于全黑状态以消除光照可能带来的的影响。

4.2.2 叶绿素荧光图像

在该实验中,通过 IMAGING-PAM 获得的用于反映叶绿素荧光的原始图像是灰度图像,并且所有叶绿素荧光值被归一化至[0,1]的范围。然而,人眼不容易观察到灰度图像上叶绿素荧光的变化。为了便于观察冷害现象,使用假色系统将番茄幼苗叶片的叶绿素荧光灰度图像显示为彩色三维 RGB 颜色描述符。假色系统分为 6 个梯度,即黑色、红色、黄色、绿色、蓝色和洋红色(Osório 等,2014)。在实验前,制作暗适应的 F_v/F_m 对照图像以验证叶子的健康状况,每片叶子的 F_v/F_m 值均大于 0.75。任何具有 F_v/F_m 图像的叶子通过视觉评估,具有许多像素值小于 0.75 的叶子被拒绝。在实验过程中收集附着在植株上的叶子的叶绿素荧光图像。

4.3 荧光参数选择

图 4-1(a)显示在 4 次测量中,当番茄幼苗遭受低温胁迫后,每片叶子的 12 个叶绿素荧光参数值的变化趋势不同。F_0、F、F_m 与 F'_m 在 3 个夜低温胁迫过程中荧光值变化不明显;F_v/F_m 在前两个夜低温处理后变化不明显,在第 3 个夜晚处理后开始下降;而 $Y(II)$ 在 3 个夜低温处理过程中,荧光值持续下降;$Y(NPQ)$ 在 1 个夜低温处理后有轻微的上升趋势,在第 2 个夜低温处理后迅速上升,在第 3 个夜低温处理时有轻微下降趋势;$Y(NO)$ 在前两个夜低温处理时无明显变化,第 3 个夜低温处理后迅速上升;NPQ/4 在第 1 个夜低温处理后有轻微上升趋势,在第 2 个夜低温处理后荧光值迅速上升,而第 3 个夜低温处理后又迅速下降;q_N 与 NPQ/4 的变化趋势基本一致;q_P、q_L 与 $Y(II)$ 的变化趋势相似,在 3 个夜低温处理过程中呈下降趋势。图 4-1(b)给出了 12 种叶绿素荧光参数与冷害类别之间的相关性 P,P

的绝对值表示如下:红色极强,蓝色强度,黄色中等,青色弱,绿色无关。

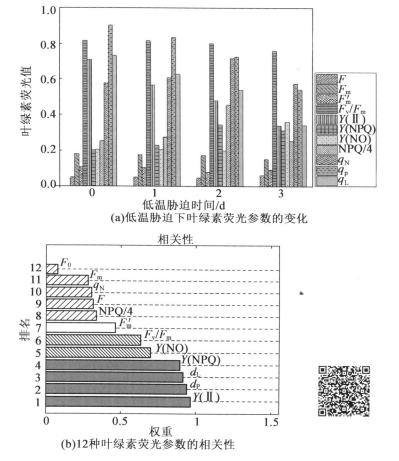

(a)低温胁迫下叶绿素荧光参数的变化

(b)12种叶绿素荧光参数的相关性

图4-1 叶绿素荧光参数分析

图4-1中,冷害类与$Y(Ⅱ)$、q_P、q_L、$Y(NPQ)$之间的相关性极强,与$Y(NO)$、F_v/F_m的相关性强,与F_m'的相关性一般,与F_m、q_N、F、NPQ/4弱相关,与F_0几乎不相关。最后,选择具有极强相关性和强相关性的变量:$Y(Ⅱ)$、q_P、q_L、$Y(NPQ)$、$Y(NO)$,F_v/F_m,用于鉴定番茄叶片的冷害类型。选

择具有最大极强相关性的变量 $Y(\text{II})$ 的图像用于图像特征分析。

$Y(\text{II})$ 荧光值反映了叶片的光合活性，这与光化学淬灭系数 q_P 和 q_L 的变化趋势一致，它们都对冷害早期敏感，随着低温胁迫的增加而逐渐变小。Osório 等(2014)识别草莓的 Fe 含量和 Dong 等(2019)识别番茄冷害时 $Y(\text{II})$ 被推荐为筛选植物的有用参数。$Y(\text{NPQ})$ 反映植物的光保护情况，前两个夜低温处理时在持续增加，对初期冷损伤敏感。在识别工业菊苣时 Devacht(2011)和 Lootens(2011)等建议将 NPQ 作为筛选植物冷敏感性的有用参数。$Y(\text{NO})$ 反映植物的光损伤情况，对冷害初期感应不灵敏，第3个夜低温胁迫后迅速增加，适用于当胁迫变得更加严重时的识别。F_v/F_m 反映了 PS II 反应中心的最大光能转换效率，低温胁迫后每夜荧光值降低，但降低幅度很小。

4.4 叶绿素荧光图像特征

通过 IMAGING-PAM 荧光系统获得的原始图像是灰度图像，12 个叶绿素荧光参数对应于 12 个灰度图像。为了适应人眼，假彩色被添加到灰度图像中输出。选择具有最大极强相关性的变量 $Y(\text{II})$ 的图像用于图像特征分析。在 4 个时间段内测量的同一叶片的 $Y(\text{II})$ 荧光灰度图像如图 4-2 所示。

在图 4-2 中，在 4 个时间段内获得的灰度图像的亮度从浅到深，并且纹理从有序变为无序。在 4 个时间段中视觉上的彩色变化如下：蓝色减少，黄色增加，绿色先增加然后减少，而相应叶子区域的直方图从右向左移动，并在严重损伤的情况下，从原来的一个峰值变为两个峰值。因此，从灰度图像和彩色图像两个方面进行特征计算，实现叶绿素荧光参数图像特征对番茄幼苗冷损伤等级判别方法的分析。

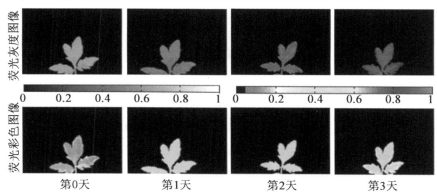

荧光灰度图像

荧光彩色图像

第0天 第1天 第2天 第3天

图4-2 4个时间段的叶绿素荧光图像

4.4.1 彩色图像颜色描述符特征

本节提取健康叶片和冷害叶片的叶绿素荧光彩色图像的 9 个颜色描述特征 ($R, G, B, H, S, V, L, a, b$) 及其比值共计 18 个变量,其中 9 个颜色描述符特征来于颜色空间 RGB、HSV 和 $L^* a^* b^*$ 3 个颜色空间。对彩色图像的 18 个颜色描述符与番茄叶片低温胁迫冷损伤等级的相关性进行分析,计算 18 个参数的皮尔逊相关系数(表 4-1)。其中,B、b、L/b 与冷害等级的相关性绝对值在 0.8~1.0 之间;R、G/R、B/R、L、b/a 与冷害等级的相关性在 0.6~0.8 之间;G/B、H、S/H、V/H 与冷害等级的相关性在 0.4~0.6 之间;G、S、V/S、a 与冷害等级的相关性在 0.2~0.4 之间;V、L/a 与冷害等级的相关性在 0.0~0.2 之间。实验最终选择极强相关的 B、b 和 L/b 3 个变量作为判别番茄叶片冷害级别的输入变量。

表 4-1 皮尔逊相关表

特征参数	皮尔逊相关	特征参数	皮尔逊相关	特征参数	皮尔逊相关
R	0.798	H	−0.594	L	−0.640
G	−0229	S	0.235	a	0.293
B	−0.930	V	−0.111	b	0.901
G/R	−0.634	S/H	0.554	L/a	0.029
G/B	0.491	V/S	−0.225	L/b	−0.878
B/R	−0.670	V/H	0.526	b/a	−0.778

4.4.2 灰度图像的直方图特征

本节提取健康叶片和冷害叶片的叶绿素荧光图像的直方图的 3 个统计特征,即直方图均值、直方图标准差和直方图三阶矩,它们的定义见表 4-2。

表 4-2 灰度图像的直方图特征参数及其定义

特征参数	定义
$E = \sum_{i=0}^{L_f-1} iH(i)$	直方图均值,反映图像的整体亮度,其中 L_f 是灰度的数
$\sigma = \sqrt{\dfrac{1}{L_f - 1}\sum_{i=0}^{L_f-1}(i - E)^2}$	直方图均方差,反映像素值偏离平均值的程度
$S = \sqrt[3]{\dfrac{1}{L_f - 1}\sum_{i=0}^{L_f-1}(i - E)^3}$	直方图三阶矩(峰态),反映图像颜色分布的对称性

4.4.3 灰度图像的纹理特征

本节提取健康叶片和冷害叶片的叶绿素荧光图像灰度共生矩阵的 5 个纹理特征(能量、熵、惯性矩、自相关及其标准差)和灰度梯度共生矩阵的 7

个纹理特征(大梯度优势、灰度分布的不均匀性、梯度分布的不均匀性、灰度平均、梯度平均、灰度标准差、梯度标准差),其中灰度共生矩阵的纹理特征定义具体参见 3.3.3 节,灰度梯度共生矩阵的 7 个纹理特征(Qiao 等,2019)及其定义见表 4-3。

表 4-3 灰度梯度共生矩阵的纹理特征及其定义

特征参数	定义	
$T_1 = \dfrac{\sum\limits_{i=0}^{L_f-1} \sum\limits_{j=0}^{L_g-1} j^2 H(i,j)}{\sum\limits_{i=0}^{L_f-1} \sum\limits_{j=0}^{L_g-1} H(i,j)}$	大梯度优势,反映图像灰度变化的强度,其中 L_g 是灰度级数	$H(i,j)$ 表示归一化的灰度图像和梯度图像中共同具有灰度为 i 和梯度为 j 的总像点数
$T_2 = \dfrac{\sum\limits_{i=0}^{L_f-1} \left[\sum\limits_{j=0}^{L_g-1} H(i,j) \right]^2}{\sum\limits_{i=0}^{L_f-1} \sum\limits_{j=0}^{L_g-1} H(i,j)}$	灰度分布的不均匀性	
$T_3 = \dfrac{\sum\limits_{j=0}^{L_g-1} \left[\sum\limits_{i=0}^{L_f-1} H(i,j) \right]^2}{\sum\limits_{i=0}^{L_f-1} \sum\limits_{j=0}^{L_g-1} H(i,j)}$	梯度分布的不均匀性	
$\mu_1 = \sum\limits_{i=0}^{L_f-1} i \sum\limits_{j=0}^{L_g-1} P(i,j)$	灰度平均值	$P(i,j)$ 表示图像总像点数归一化后的概率。它反映图像清晰度和纹理沟纹的深浅
$\mu_2 = \sum\limits_{j=0}^{L_g-1} j \sum\limits_{i=0}^{L_f-1} P(i,j)$	梯度平均值	
$\partial_1 = \left[\sum\limits_{i=0}^{L_f-1} (i-\mu_1)^2 \sum\limits_{j=0}^{L_g-1} P(i,j) \right]^{\frac{1}{2}}$	灰度均方差值	
$\partial_2 = \left[\sum\limits_{j=0}^{L_g-1} (j-\mu_2)^2 \sum\limits_{i=0}^{L_f-1} P(i,j) \right]^{\frac{1}{2}}$	梯度均方差值	

表 4-3(续)

特征参数	定义	
$ASM = \sum_i \sum_j \left[P(i,j)^2 \right]$	能量,用于测量图像的纹理厚度	其中,i 和 j 示两点的灰度级;$P(i,j)$ 表示归一化后的灰度矩阵;μ_x 是灰度平均值;μ_y 是平均梯度;σ_x 是灰度标准偏差;σ_y 是梯度标准偏差
$ENT = - \sum_i \sum_j P(i,j) \log P(i,j)$	熵,描述图像的复杂程度	
$INE = \sum_i \sum_j (i-j)^2 P(i,j)$	惯性,反映纹理变化的周期性	
$COR = \dfrac{\sum_i \sum_j (i \times j) P(i,j) - \mu_x \mu_y}{\sigma_x \sigma_y}$	相关性,表示行或列方向上灰度共生矩阵的相似度	

计算叶绿素荧光灰度图像的特征与番茄叶的冷害类别之间的皮尔逊相关性,见表 4-4。其中,三阶矩、熵的标准偏差与冷害等级的相关性在 0.8~1.0 之间;方差、能量标准差、相关标准偏差、熵平均值、灰度标准差、梯度标准差与冷害等级的相关性在 0.6~0.8 之间;平均值、平均灰度值、平均梯度值、能量平均值、相关平均值、惯性标准偏差、大梯度优势与冷害等级的相关性在 0.4~0.6 之间;梯度分布的不均匀性、惯性平均值与冷害等级相关性在 0.2~0.4 之间,灰度分布的不均匀性与冷害等级的相关性在 0.0~0.2 之间。最后,选择具有极强相关性的变量即三阶矩和熵的标准偏差,用于鉴定番茄叶片中的冷害类。

表 4-4　皮尔逊相关表

特征参数	皮尔逊相关	特征参数	皮尔逊相关	特征参数	皮尔逊相关
直方图均值	0.509	灰度平均值	−0.509	惯性平均值	−0.231
直方图均方差	0.725	梯度平均值	−0.581	相关性平均值	−0.436
直方图三阶矩	0.852	灰度均方差值	−0.725	能量标准差	0.644
大梯度优势	−0.581	梯度均方差值	−0.683	熵标准差	0.850
灰度分布的不均匀性	0.116	能量平均值	−0.549	惯性标准差	0.456
梯度分布的不均匀性	0.341	熵平均值	0.602	相关性标准差	−0.668

4.5　基于神经网络的冷害类型识别

选取 60 株长势一致的番茄幼苗,在 4 次测量中,人为损坏 5 片叶子,所以最后实验数据为 55 片叶子。每片叶子有 4 个测量,按照不同的测量时间将所有叶片分为 4 个低温胁迫等级:低温胁迫前(第 0 天:健康叶片),低温胁迫 1 个夜晚(第 1 天:轻度冷害叶片),低温胁迫 2 个夜晚(第 2 天:中度冷害叶片),低温胁迫 3 个夜晚(第 3 天:严重冷害叶片)。1 个叶子有 4 组数据,所以 55 片叶子共有 220 组数据,每组数据有 12 个叶绿素荧光参数图像。

图 4-3 中,每组数据的 12 个图像为叶绿素荧光参数 F_0、F、F_m、F'_m、F_v/F_m、$Y(\mathrm{II})$、$Y(\mathrm{NPQ})$、$Y(\mathrm{NO})$、$NPQ/4$、q_N、q_P 和 q_L 的图像。每个参数的图像特征包含叶绿素荧光参数值、灰度图像的直方图特征、灰度纹理特征及彩色图像的颜色描述符特征。现以评估叶绿素荧光成像检测番茄幼苗冷害等级的潜力为目标,对叶绿素荧光参数特征进行分析。

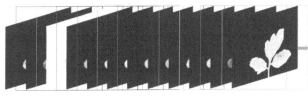

特征类型
叶绿素荧光动力学曲线
叶绿素荧光参数值
直方图特征
纹理特征
彩色描述符特征

图4-3 获取12个叶绿素荧光图像的特征

从实验叶片每个冷害类别的55个数据集中,选择30个作为训练集的叶片样本。而4个冷害胁迫分类共选取120个训练集的叶片样本,其余100个作为预测集叶片样本。对实验训练集的番茄叶片样本进行实验编号,1~30号是"健康番茄叶片";31~60号是"轻度冷害番茄叶片";61~90号是"中度冷害番茄叶片";91~120号是"严重冷害番茄叶片"。对测试集番茄叶片样本进行实验编号,1~25号是"健康番茄叶片";26~50号是"轻度冷害番茄叶片";51~75号是"中度冷害番茄叶片";76~100号是"严重冷害番茄叶片"。本实验采用神经网络(BP)模型对番茄幼苗冷害类别进行判别。BP模型的激活函数为logsig(对数S型转移函数),输出层函数为tansig,训练函数为train,训练最大迭代次数为1 000,训练的误差精度为0.000 1,学习训练速度为0.01。通过IMAGING-PAM采集的所有荧光参数值的范围都限定在[0,1]之间。输入向量根据特征选择决定,隐层节点数为10,输出变量为4维数据,输出层采用二进制字符进行识别,"1000"对应的叶片集是"健康番茄叶片";"0100"对应的叶片集是"轻度冷害番茄叶片";"0100"对应的叶片集是"中度冷害番茄叶片";"0001"对应的叶片集是"严重冷害番茄叶片"。

4.6　结果与讨论

4.6.1　基于叶绿素荧光参数值和神经网络的冷害分类识别

选择与冷害时间具有极强相关性和强相关性的变量,即 $Y(\mathrm{II})$、q_{P}、q_{L}、$Y(\mathrm{NPQ})$、$Y(\mathrm{NO})$、$F_{\mathrm{v}}/F_{\mathrm{m}}$ 共 6 个叶绿素荧光参数值作为神经网络的输入向量,用于鉴定番茄叶片的冷害类型。番茄幼苗冷害类叶绿素荧光参数值识别结果见表 4-5:训练识别率为 90.3%,预测集识别率为 90.0%。对于训练集,"严重冷害叶片"的识别准确率最高,为 96.6%,"1 级冷害"叶的识别准确率最低,为 86.7%,4 种冷害类的总体识别准确率为 90.3%。对于验证集,"严重冷害叶片"的最高识别准确度为 96.7%,"1 级冷害"叶的识别准确度最低,为 76.6%,4 种冷害类的总体识别准确率为 90.0%。通过比较,训练集的总体识别准确率高于预测集的总体识别准确率,为 90.3%,其迭代过程与识别结果如图 4-4 所示。4 组番茄幼苗数据中,随着冷害程度的增加,番茄叶片识别率逐渐增加,原因是冷害级别低时,其叶绿素荧光参数较为接近,特征变量间的区分度不明显,从而造成模型的识别效果相对较差,随着冷害程度的增加,番茄叶片出现了明显的损伤斑点而影响叶绿素荧光参数值,所以模型的识别率出现增加的现象。

表 4-5　荧光参数值的冷害识别率　　　　　　　单位:%

样本	识别率				
	无冷害	1 级冷害	2 级冷害	3 级冷害	总体识别准确率
训练集	90.0	86.7	90.0	96.6	90.3
预测集	83.3	76.7	93.3	96.7	90.0

最佳训练性能是第999轮的0.034 634

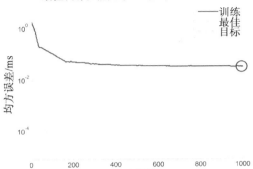

最佳训练性能第999轮的0.034 634

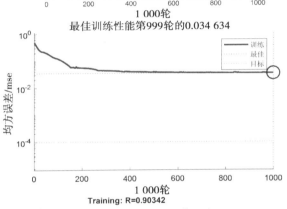

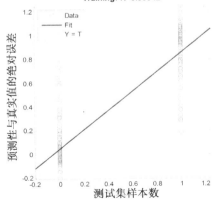

图 4-4　神经网络识别训练集分类

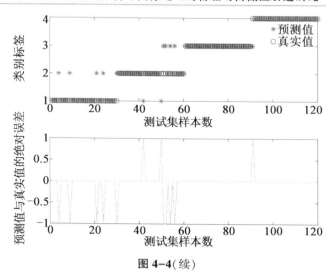

图 4-4(续)

4.6.2 基于图像特征和神经网络的冷害分类识别

分别取 $Y(II)$、q_P、q_L、$Y(NPQ)$、$Y(NO)$、F_v/F_m 6 个叶绿素参数中每个参数图像的直方图特征三阶矩、纹理特征熵的标准偏差、颜色特征 B、b 和 L/b 这 5 个图像特征作为神经网络的输入特征值。将图像特征的数据标准化,然后输入 BPNN 模型,用于鉴定番茄叶片的冷害类型。对每种低温胁迫等级的 55 片叶子随机选取 30 个作为训练集样本,4 个胁迫级别共随机选取 120 个训练集样本,剩余 100 个作为预测集样本用于测试。整体编号同叶绿素荧光参数值神经网络模型的编号,测试结果见表 4-6。

表 4-6 BPNN 的识别结果

特征参数	样本集	样本数量	识别率/%
叶绿素荧光值	训练集	120	90.3
	预测集	100	90.0

表 4-6(续)

特征参数	样本集	样本数量	识别率/%
三阶矩	训练集	120	88.1
	预测集	100	82.5
熵的标准偏差	训练集	120	72.6
	预测集	100	61.7
B	训练集	120	89.8
	预测集	100	87.5
b	训练集	120	91.9
	预测集	100	90.8
L/b	训练集	120	90.1
	预测集	100	90.0

由测试结果可知,对于训练集,b 特征的识别率最高,为 91.9%,然后是叶绿素荧光值特征的识别率为 90.3%,L/b 特征的识别率为 90.1%,最差为熵的标准偏差特征,识别率为 72.6%。对于预测集,b 特征的识别率最高,为 90.8%,然后是叶绿素荧光参数值和 L/b 特征的识别率都为 90%,最差为熵的标准偏差特征,识别率为 61.7%。很明显,b 特征识别冷害等级效果最佳,而 L/b 特征与叶绿素荧光参数值的识别率相当。但是,b 特征和 L/b 特征都来源于 $L^*a^*b^*$ 颜色空间中。

$L^*a^*b^*$ 颜色空间是国际照明委员会在 1976 年推荐的均匀色彩空间。在 $L^*a^*b^*$ 颜色空间中(图 4-5),L^* 表示从 0(暗)到 100 的颜色亮度(白色),而 a^* 和 b^* 通道是两个彩色分量。

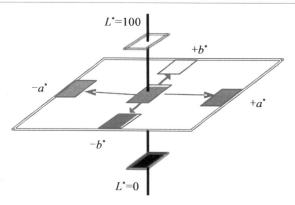

图 4-5　L*a*b* 颜色空间

　　在 L*a*b* 颜色空间中,第 1 个(a*)表示红色/品红色(+a)和绿色(-a)之间的颜色位置。类似地,b* 表示其在黄色(+b)和蓝色(-b)之间的位置。在实践中,它们的范围从-128~127,具有 256 级。Wang 等(2014)在分割过程中比较了 RGB、HSV、L*a*b* 颜色空间的分割率。L*a*b* 颜色空间给出了最佳结果,它对光照变化具有鲁棒性,并且可以正确分割房子的阴影区域。结果表明,L*a*b* 颜色空间最适合处理阴影和其他照明变化。Sharifzadeh 等(2014)认为,颜色是食品质量监测质量的重要指标因素,L*a*b* 颜色空间作为设备独立颜色空间,是这种情况下的适当手段。Mounanga 等(2017)使用统计分析技术的组合来评估亮度(L*)、红色(a*)和黄色(b*)颜色空间系统和近红外光谱(NIRS)的潜力,并评估表面变化与山毛榉的逐渐腐烂有关。结果表明,L*a*b* 颜色空间和 NIRS 结果的多变量技术分析应该能够表征木质真菌剥离木材的 pH 效应和表面变化,该方法作为与木材剥落问题和林产品工业相关的快速可靠的非破坏性方法。从图 4-2 可见,随着低温胁迫的加剧,蓝色值在减小,而黄色值在增加,这恰好可以用 L*a*b* 颜色空间中 b 颜色描述符特征来进行描述;同时,随着低温胁迫的加剧,亮度由明变暗。实验证明,L*a*b* 颜色空间应能够表征低温胁迫下番茄幼苗叶片的表面变化,以确定番茄叶片中的冷害类型,因此推荐 L*a*b* 颜色空间作为研究番茄幼苗冷害等级的胁迫空间。

4.7 本 章 小 结

本章以流行的番茄品种"园艺 L-404"为实验对象,以人工气候室为模拟环境,模拟北方冬季日光温室的环境条件。基于叶绿素荧光参数值,灰度图像的直方图特征、纹理特征及彩色图像的颜色描述符特征进行了实验,证明了利用叶绿素荧光成像检测番茄幼苗冷害类型的可行性。结果表明:

(1)叶绿素荧光参数值中的 $Y(\text{II})$、q_P、q_L、$Y(\text{NPQ})$、$Y(\text{NO})$、F_v/F_m 这 6 个变量可作为自动识别番茄幼苗冷损伤等级的判别参数。

(2)叶绿素荧光图像特征中灰度直方图三阶矩、纹理熵的标准偏差和颜色描述符 B、b 和 L/b 可作为识别番茄幼苗冷损伤等级的判别特征。

(3)$L^*a^*b^*$ 颜色空间应能够很好地表征低温胁迫下番茄幼苗叶片的表面变化,以确定番茄叶片中的冷害类型。

因此,叶绿素荧光成像技术是番茄植株冷害诊断的有力工具,为进一步推进设施农业的产业自动化具有重要意义。

第5章 番茄幼苗低温损伤面积的分割与分级研究

5.1 概　　述

　　近年来,学者们利用机器学习方法自动处理叶绿素荧光图像,获得叶绿素荧光值等生理参数以外的图像特征,为进一步提高设施农业的工业自动化提供了理论依据(Gorbe 和 Calatayud,2012;Gray 等,2010;Treibitz 等,2015)。Zarco 等(2009)报道了使用O2-A 带评估荧光成像可行性的进展。对橄榄树和桃园进行的水分胁迫实验表明,通过与田间测量的稳态荧光(F_s)的比较,验证了使用填充法从空气传播图像中提取树木叶绿素荧光(F)的可行性,产生测定系数 $r_2 = 0.57$(橄榄),$r_2 = 0.54$(桃子)。Kondo 等(2009)基于荧光成像技术进行了冷害脐橙的检测,并比较了荧光图像的R、G 和 B 成分中脐橙的冷害和正常部位的值。而荧光图像 G 通道的冷害部分的值是正常部分的 3~5 倍。Pereira 等(2011)研究了激光诱导荧光成像在甜橙(Citrus Sinensis)植物中监测柑橘绿化病的潜在用途。为此,使用红色(R)、绿色(G)、蓝色(B)、色调(H)、饱和度(S)、强度值(V)的平均值确定收集的荧光图像的颜色描述符。相对红(r_R)、相对绿(r_G)、相对蓝(r_B)和亮度(L)。通过颜色描述符从红色(R)、绿色(G)、蓝色(B)、色调(H)、饱和度的值来研究荧光成像监测甜橙植物中柑橘绿化病的潜在用途(S)、强度值(V)、相对红(r_R)、相对绿(r_G)、相对蓝(r_B)和亮度(L),给出了在早期阶段识别柑橘绿化的潜在方法。Humplík 等（2015）开发了一种用于自动 RGB 图像分析的新软件，其不仅验证从 RGB 成像获得的数据相关性，还从图像获得的数据与通过非成像叶绿素荧光参数测量的叶绿素荧光参数进行比较。王文森等（2018）开发了一种新的方法来检测反映植物光合能力的 $Y(\text{II})$，当使用多元线性回归时，$R = 0.859\ 89$，$u = 0.048\ 803$，当使用偏最小二乘回归时，$R = 0.842\ 85$，$u = 0.054\ 739$。

  叶片发生冷害之初，在自然光下，普通的数码相机采集的数字图像无法看到低温胁迫所带来的伤害，而番茄叶片冷害的荧光图像可以检测肉眼无法看到的伤害，在冷害早期及时识别并实现量化叶片低温胁迫后的严重程度，将大大降低人为主观判断的影响，这对于现场管理尤为重要。绿色植物叶片在光合作用中吸收红光、蓝光、反射绿光（约 20%）和近红外光（约 50%），叶绿素分子吸收蓝光后得到能量，电子跃迁到较高的能级，叶绿素荧光一般位于红光区，选配蓝光版的 LED 光源的 IMAGING-PAM 荧光成像仪所采集的图像中，健康叶片在荧光成像仪中所成的 F 参数图像呈红色，非叶片位置的背景灰度值小于 0.038 的区域在荧光图像中呈黑色，番茄叶片的冷损伤区域呈蓝绿色。上述特性增强了目标和背景的对比，有利于图像的有效识别。因此本章利用番茄幼苗叶片的叶绿素荧光参数 F 图像上冷害面积的分割研究进行低温胁迫损伤分级，具体有两个研究目标：①针对叶绿素荧光参数 F 的荧光图像提出改进的 $k\text{-means}++$ 聚类分割算法，实现荧光图像中冷损伤区域的最佳分割；②根据聚类分割出的冷损伤面积对实验样本叶片进行分类，使用 PCA 特征降维、Spearman 特征选择与神经网络（BP）识别模型和 SVM 支持向量机及其优化算法相结合的方法对低温胁迫下番茄幼苗叶片冷损伤进行分级检测识别。

5.2 实验准备

该实验于 2017 年冬季、2018 年冬季和 2019 年春季在沈阳农业大学设施农业生物信息检测实验室进行。测试的番茄"辽园多丽"是一种在东北沈阳农业大学流行种植的品种。实验所使用的仪器是德国 WALZ 公司的 M 系列调制叶绿素荧光成像系统 IMAGING－PAM，LED 光源是 IMG－MAX/L 蓝光版，待测叶片经暗适应 30 min，镜头与叶片距离约为 18 cm。首先，育苗后当番茄幼苗长到两叶一心时，所有植株被移植到塑料营养杯（10 cm×10 cm）中。其次，当幼苗长至五叶一心时，将 20 株具有相同长势的植物放入第 1 个人工气候室中进行适温培养，平均昼/夜温度为 25 ℃/15 ℃（Zhang 等，2014）。3 d 后，将 10 株番茄幼苗从第 1 个人工气候室转移到第 2 个人工气候室中。在第 2 个人工气候箱中，日温与第 1 个人工气候室的温度相同，夜温 5 ℃下对番茄幼苗进行低温胁迫处理 12 h，持续 3 d。第 1 个人工气候室的其余 10 棵植物作为对照组，环境设置保持不变。最后，在每天上午 8∶00 收集两个人工气候室中番茄幼苗的叶绿素荧光动力学图像，持续 3 d，实验重复 20 次/d。人工气候室与 IMAGING－PAM 在同一个实验棚内放置，实验采集时实验棚内处于全黑状态，以消除光照可能带来的影响。实验在活体未离植株的健康叶片上进行，如图 3－1 所示，实验前对番茄植株进行暗适应 30 min。

5.3 基于叶绿素荧光成像的番茄幼苗冷害面积分割

5.3.1 荧光图像的不同颜色模型预分析

图 5-1(a)显示了由 IMAGING-PAM 收集的 F 参数的原始叶绿素荧光图像。在暗适应 30 min 后,从人工气候箱中获得番茄幼苗并放置在实验台上。实验棚在黑暗状态下进行以防止在收集过程中其他光源的影响,并且在保护盖落下后收集荧光图像。线段 AB 绘制在图 5-1(a)上以获得图 5-1(b)且线段 AB 通过图上的健康背景区域和冷损区域。A 点坐标为 $(350,97)$,B 点坐标为 $(170,323)$,C 点 $(284,180)$ 为线段 AB 上的点,该点位于冷损伤区域。线段 AB 长 302 px,AC 长 132 px。

(a)原始叶绿素荧光图像   (b)AB异质性线段提取

图 5-1 叶绿素荧光图像

图 5-1(b)所示为叶绿素荧光图像的 AB 异质性线段提取。而叶绿素荧光图像[图 5-1(a)、(b)]相对应的 Gray、RGB、$L^*a^*b^*$、HSV 和 HSI 颜色模型图像中,AB 线段的横向非均匀性曲线如图 5-2 所示。图 5-2 中,A 点坐标为 $(350,97)$,B 点坐标为 $(170,323)$,AB 的长度是 302 px。图 5-2 中所有图像的水平轴是从点 A 到线段 AB 上的点的距离。最大距离是 AB 的

长度,为 302 px,垂直轴是另一个颜色模型空间中线段 AB 上的点的颜色值。通过计算斜线段像素值的算法获得 AB 线段上的每个空间分量曲线。

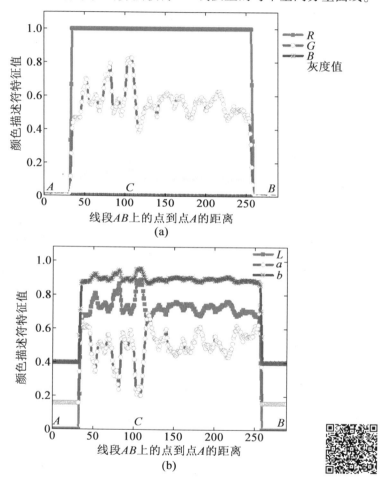

(a)

(b)

图 5-2 *AB* 线段的横向非均匀性曲线

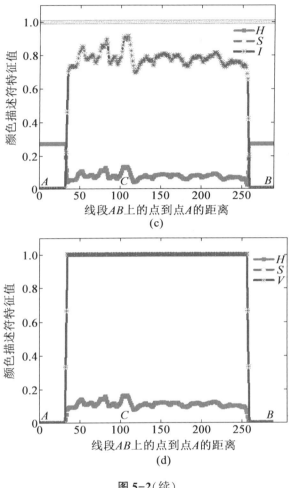

图5-2（续）

　　点 C 是冷破坏区域中的一个点，AC 的长度为 132 px。根据图 5-1(b) 的分析和图 5-2 中的 4 种颜色模型中的空间分量图，Gray、RGB、HSV 中的一个分量和 HIS 颜色空间中的两个正相关分量在冷损伤区域中具有显著的异质性。然而，$L^*a^*b^*$ 颜色空间中的 3 条曲线在冷损伤区域中发生了显著变化,并且在 a^*b^* 颜色空间中具有负相关性。根据上述结果判断,在 a^*b^* 空间中,健康叶的异质性良好,特别是冷害的异质性特别显著。因此,冷损伤区域 $L^*a^*b^*$ 颜色空间的异质性显著,该实验使用 $L^*a^*b^*$ 颜色空间进行聚类。在 $L^*a^*b^*$ 颜色空间中,所有的颜色信息都包含在 a^* 和 b^* 分量中,观察番茄叶片冷害荧光图像,可以看出有冷害的区域和背景颜色上存在着明显差异,表明可以根据不同的颜色差异对图像进行聚类。考虑到番茄冷害图像主要包括背景黑色、叶片绿色和冷损伤区域蓝绿色这 3 种颜色,故本节选取 $k=3$ 进行迭代聚类。

5.3.2 改进的 k-means++聚类分割方法

本书提出了一种改进的基于荧光图像的 k-means ++算法,该算法针对上述算法的缺陷。冷损伤区域的分割被设定为实验目标。首先,使用横向异质性算法分析了 Gray、RGB、$L^*a^*b^*$(Baldevbhai 和 Anand,2012),HSV 和 HSI 5 种颜色模型(Schwarz、Cowan 和 Beatty,1987)中冷损伤区、过渡区和叶片健康区的叶面异质性,决定将 $L^*a^*b^*$ 颜色空间用作聚类空间。其次,通过 k-means ++算法(Arthur 和 Vassilvitskii,2007)获得健康背景区域和冷损伤区域的聚类图像,其标签值从 1 到 3 随机分配。然后,使用插入排序操作,聚类标签重新生成获得有序标签图像,其标签顺序是按照原始图像灰度值从小到大排序,并且最大标签值区域是冷损伤区域。最后,利用噪声滤波器中开和关操作对聚类二值图像进行双重滤波,以避免叶脉和叶片边缘的影响,并获得冷损伤区域的最佳分割效果。其中涉及插入排序和噪声滤波器算法如下:

(1)插入排序算法。插入排序算法是一种简单直观的排序算法。插入排序的基本原理是构造一个排序的序列,即从后面到前面扫描排序的序列以找到未排序的基准的相应位置并将其插入那里。假设要排序的记录存储在数组 $R[n]$ 中。在分拣过程中的某一点,R 被分成两个子间隔,其中子间隔 $R(a)$ 是一个被分类的顺序区间,而 $R(b)$ 子区间是没有分类的无序区间。

那时候一直没有分类。插入排序算法的步骤如下：

①设待排序的记录存放在数组 $R[n]$ 中。排序过程中的某一时刻，R 被划分成两个子区间，即 $R(a)=[R[1],R[i-1]]$ 和 $R(b)=[R[i],R[n-1]]$，其中：$R(a)$ 子区间是已经排好序的有序区间，$R(b)$ 子区间则是当前未排序的无序区间。

②初始时，令 $i=1$，因为一个记录自然是有序的，故 $R[1]$ 可以认为已经被排序，无序区则是 $R[2]$ 到 $R[n-1]$。

③依次将 $R[2]$、$R[3]$，…，$R[n-1]$ 插入到当前的有序区中。插入排序在从后向前扫描过程中，需要反复把已排序元素逐步向后挪位，为最新元素提供插入空间。

④直至 $i=n-1$ 时，将 $R[n-1]$ 插入到有序区为止。最终，实现数组中所有的元素都依次按升序排列。

（2）噪声滤波器。对图像中的噪声进行滤除是图像处理中常见的操作，而形态学噪声滤波器是最常用的噪声去除工具。形态学噪声滤除器由开启和闭合运算结合起来构成。对于二值图像，噪声表现为目标周围的噪声块和目标内部的噪声孔（Jourlin 等，1998）。用结构元素 B 对集合 A 进行开启操作，就可以将目标周围的噪声块消除掉；用 B 对 A 进行闭合操作，则可以将目标内部的噪声孔消除掉。打开和关闭操作在式（5-1）和式（5-2）中定义：

$$A \circ B = (A\ominus B)\oplus B \qquad (5-1)$$

$$A \cdot B = (A\oplus B)\ominus B \qquad (5-2)$$

开操作主要是使轮廓平滑，抑制边界的小离散点或尖峰，常用来消除小物体、在纤细点处分离物体、平滑较大物体的边界且不明显改变面积。而闭操作主要用来填充物体内细小空洞、连接邻近物体、平滑其边界且不明显改变面积。在本实验中，A 是通过聚类分割产生的目标图像的二值化图像，B 为 3×3 型结构元素。冷损伤区域图像具有孤立点和空隙，使用形态学滤波器处理聚类图像达到去除孤立点和空隙的目的。

5.3.3 荧光图像的分割效果

图5-3(a)所示为番茄叶片冷损伤的荧光图像,叶片中含有冷损伤。图5-3(b)所示为 $L^*a^*b^*$ 颜色空间中的图像。图5-3(c)～(e)均是由 k-means++聚类算法生成的标签图像,这3个图像都由3个部分组成,即1个区域是黑色,2个区域是灰色,3个区域是白色。实验中聚类时会随机生成3副图像中的任意一副,而使用插入法排序后图5-3(e)一定会被生成,输出第三聚类就是冷损伤区域。图5-3(f)给出了由最终聚类产生的冷损伤区域的二值图像;图5-3(g)是通过使用数学形态学打开操作的形态、噪声滤波器获得的二值图像;图5-3(h)是通过掩膜分割图像而获得的目标分割区域。从图5-3(h)可以看出, k-means++聚类方法可以通过插入排序和形态切换操作自动分割 $L^*a^*b^*$ 颜色空间中的目标。

(a)番茄叶片冷损伤的荧光图像

(b) $L^*a^*b^*$ 颜色空间图像

(c)由k-means++聚类获得的无序图像(1)

(d)由k-means++聚类获得的无序图像(2)

图5-3 冷损伤荧光图像分割的显示结果

(e)插入排序后的新图像   (f)冷损伤区域的二值图像

(g)形态噪声滤波器去噪后的二值图像   (h)掩模分割图像

图 5-3(续)

根据图 5-3(h),k-means ++聚类方法(结合插入排序和噪声滤波器)能够在 $L^*a^*b^*$ 颜色空间中自动分割目标。图 5-3(h)中的分割结果表明该算法克服了叶脉、叶缘和标签随机化的影响。

5.3.4 $L^*a^*b^*$ 图像数据聚类分析

将 RGB 图像转换为 $L^*a^*b^*$ 图像,并选择两个空间分量 a^* 和 b^* 的数据并将其转换为 $2 \times 307\ 200$ 的矩阵 X。实验图像的长度和宽度分别为 640 px 和 480 px,以及 $307\ 200 = 640 \times 480$。图 5-4(a)是由 X 矩阵的二维数据的空间分布图。图 5-4(b)给出了使用改进的 k-means ++聚类标签进行着色和聚类的数据分布结果。图像中的水平轴和垂直轴都显示标准化的颜色值,数据分为 3 类。图 5-4(b)中有 3 个红色聚类中心,每个聚类中心都被它所属的数据类别包围。

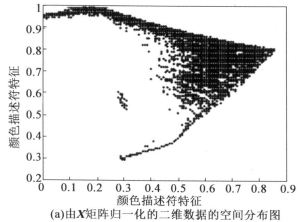

(a)由 X 矩阵归一化的二维数据的空间分布图

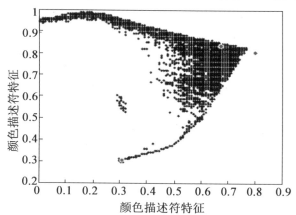

(b)使用改进的 k-means++聚类标签进行着色和聚类的数据分布结果

图 5-4　数据 X 的二维分布

图 5-4(b)中将标记的颜色指定为 R、G、B,分别对应图 5-3 中叶绿素荧光图像的背景、健康叶片区域、冷损伤区域,聚类效果显著。

5.3.5 改进 k-means++ 分割方法评估

算法评价分为3个部分：①对于采集的叶绿素荧光图像,通过不同的分割方法比较冷损伤区域的分割效果；②通过不同的分割方法对目标像素值进行聚类,然后根据式(5-1)和式(5-2)计算目标图像的平均匹配率和平均误差率；③通过回归分析对实验数据进行分析,并使用式(5-3)计算系数。目前,用于分割荧光图像的算法很少。Yang 和 Li(2015)提出了一种将 HSV 模型与分水岭算法相结合的方法提取绿色荧光蛋白图像特征,研究中基于 HSV 颜色模型通过设置阈值的亮度来处理图像实现二值化,然后利用数学形态学分水岭算法实现目标与背景的分离。实验结果表明,这种算法取得了很好的效果。杨信廷等(2016)针对黄瓜叶片湿润情况使用 k-means 聚类算法分割水滴荧光图像以计算叶片湿润时间进行病害预警。实验结果表明,该方法的平均匹配率为 81.27%,平均误分率为 9.57%。Liu 等(2017)将直方图模糊聚类(FCM)分割应用于遥感视觉,对多光谱图像的直方图实施聚类分割,得到了良好的分割效果。为了说明本书所提算法的有效性,图 5-5(a)、(b)、(c)、(d)、(e)、(f)和(g)对应原始图像、Photoshop 手动分割、本书算法、HSV 分割算法(Yang 和 Li, 2015)、FCM 分割算法(Liu 等,2017)、k-means 聚类算法(杨信廷等,2016)和 k-mean++聚类算法。下面将几种图像分割方法进行比较。

(a)原始图像　　　　(b)Photoshop手动分割

图 5-5　使用不同的方法对荧光图像中的冷损伤区域进行分割

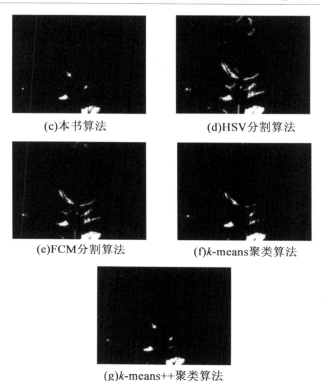

(c)本书算法   (d)HSV分割算法

(e)FCM分割算法   (f)k-means聚类算法

(g)k-means++聚类算法

图 5-5(续)

从图 5-5 中发现,本书所提出的方法有效地分割了来自荧光图像的冷害。虽然 HSV 分割算法和 FCM 分割算法对一些目标进行了分割,但目标图像具有过分割,也就是说,一些背景区域被错误地划分为目标,这表明这两个分割结果并不令人满意。具有良好峰谷特性的颜色(H)和亮度(V)是 HSV 分割算法的阈值分割条件,而在叶绿素荧光图像的冷损伤区域中 H 空间值变化并不显著,同时 V 空间变化更是甚微。FCM 分割算法对噪声点敏感。基于 k-means 聚类算法和基于 k-means++ 聚类算法优于 HSV 分割算法和 FCM 分割方法,但明显在细微的边缘处理时不如本书所提算法。从图 5-5 可以看出,本书所提出的算法接近于 Photoshop 人为手动分割的图像。

$$平均错误率 = \frac{\sum\limits_{i=1}^{N} \left| \dfrac{P_i - Q_i}{Q_i} \right|}{N} \times 100\% \tag{5-3}$$

$$平均匹配率 = \frac{\sum\limits_{i=1}^{N} \left[(P_i - |Q_i - P_i|)/Q_i \right]}{N} \times 100\% \tag{5-4}$$

$$\begin{cases} \mathrm{SSR} = \sum\limits_{i=1}^{N} (P_i - \overline{P_i})^2 \\ \mathrm{SST} = \sum\limits_{i=1}^{N} (Q_i - \overline{Q_i})^2 \\ R^2 = \dfrac{\mathrm{SSR}}{\mathrm{SST}} \end{cases} \tag{5-5}$$

以上 3 个公式中, P_i 是通过分割算法获得的目标像素值; Q_i 是实际目标像素值, 其值是通过 Photoshop 手动标准分割获得的; $\overline{P_i}$ 是分割目标像素的平均值; N 是样本数; $\overline{Q_i}$ 是实际目标像素的平均值; R^2 是确定系数, 其值通过回归平方和(SSR)与总平方和(SST)的比率来计算。从实验结果来看, 尽管改进的 k-means ++聚类算法结合了插入排序和数学形态处理算法, 但是在选择聚类中心时相对于 k-means 的运行时间显著减少。因此, 改进的 k-means ++聚类算法比 k-means 聚类算法具有更少的运行时间, 但加入了插入排序和噪声滤波器算法的改进 k-means ++聚类算法比标准的 k-means ++聚类算法运行时间多。

叶绿素荧光图像不同分割方法的比较见表 5-1。

表 5-1 叶绿素荧光图像不同分割方法的比较

方法	平均匹配率/%	平均错误率/%	识别系数/%	平均运算时间/s
HSV	45.15	23.10	0.84	0.45
FCM	68.71	14.97	0.90	3.65

表 5-1(续)

方法	平均匹配率/%	平均错误率/%	识别系数/%	平均运算时间/s
k-means	81.27	9.57	0.96	2.32
k-means++	82.01	9.49	0.98	2.19
本书提出的方法	82.23	9.41	0.99	2.22

通过分析表 5-1 中的 4 组测试数据,改进的 k-means ++方法的匹配率和误码率与其他 4 种方法相比具有明显的优势。从表 5-1 中可以看出,HSV 分割算法、FCM 分割算法、k-means 聚类算法和 k-means++聚类算法的平均匹配率分别为 45.15%、68.71%、81.27%和 82.01%,平均错误分类率分别为 23.10%、14.97%、9.57%和 9.49%。同样,本书提出的方法的平均匹配率为 82.23%,平均错误率为 9.41%。这意味着,与其他 4 种方法相比,本书提出的方法的平均匹配率最高,平均错误率最低。给定算法的程序运行时间,HSV 分割算法、FCM 分割算法、k-means 聚类算法和 k-means++聚类算法的平均运行时间分别为 0.45 s,3.65 s、2.32 s 和 2.19 s。该方法的程序运行时间为 2.22 s,低于 HSV 分割算法、FCM 分割算法和 k-means聚类算法方法,但比标准的 k-means++聚类算法略高。而决策系数中改进的 k-means++聚类算法也是最高的。因此,本书所提出的方法被认为在分割低温胁迫番茄幼苗冷损伤区域实验中是最合适的算法,效果最佳。

实验结果表明,当荧光图像上存在明显的冷损伤痕迹时,改进的 k-means ++算法对冷损伤区域的番茄荧光叶片具有相对准确的分割效果。目前遇到的预测数据准确性低应该是叶片的冷害损伤痕迹不明显影响所致,即可能是由于早期损伤与相对健康区域之间的色差不大造成的。本书为使用计算机视觉方法识别冷害的状况和冷害的早期预警信息奠定了基础。

5.4 基于番茄幼苗冷害面积的分类

计算机视觉识别冷害胁迫的关键是要通过图像处理等技术识别叶片上的冷损伤区域,主要步骤包括图像预处理、图像分割、特征提取与模式识别。其中,图像分割是重要步骤之一,分割的精确性直接关系到特征提取和模式识别。到目前为止,较为常用的图像分割方法包括区域生长法、阈值分割、边缘检测法、基于模糊集和水平集的方法和聚类法等,其中聚类法由于其分割效果较好而得到了广泛应用和研究。k-means 聚类算法作为一种比较经典的聚类分析方法,属于"硬聚类"算法,即数据中每个样本都被100%确定得分到某一个类别中,有很多研究学者将其应用于解决图像分割问题。如Yang 等利用 k 均值聚类算法和和开闭交替滤波实现黄瓜叶片的水滴荧光图像分割;Hu 等和 Deshpande 等分别应用 k-means 聚类算法对香蕉损伤、HRCT 图像中的间质性肺病图像进行分割,分别实现了香蕉损伤评价、肺病模式的疾病分级。

番茄叶片的荧光图像可以检测肉眼无法看到的伤害,让冷害在早期被识别以便及时采取预防措施。在 IMAGING-PAM 荧光成像仪所采集的 F 参数图像中,普通的番茄叶片呈红色,非叶片位置的背景呈黑色,冷损伤区域呈黄绿色。上述特性增强了目标和背景的对比,有利于图像的有效分割。针对目标和背景对比鲜明的图像,聚类法分割效果较好。k-means++聚类是 D. Arthur 等(2007)对 k 聚类算法的改进,它对 k 聚类初始中心点的选取进行了优化。但冷害的检测过程中,分割结果易受叶脉和叶边缘的影响,且区域聚类的标签是随机的,无法确定冷害是被聚类在第几层,因此需要人为识别。

本章以冷损伤区域的分割为实验目标,针对以上缺陷提出基于叶绿素荧光图像的改进 k-means++聚类法。首先,分析叶片中冷损伤区域和健康区域在灰度图像、RGB 和 $L^*a^*b^*$（Baldevbhai 和 Anand,2012）、HSV、HSI 5 种颜色模型（Schwarz、Cowan 和 Beatty,1987）不同分量空间中横向异质性差异,提出在 $L^*a^*b^*$ 颜色空间进行聚类;其次,利用 k-means++ 聚类算法获得背景、健康区域和冷损伤区域的聚类图像,它的标签是随机的;最后,使用插入排序运算对聚类后的标签重新排序,使得到按原图像灰度值从小到大的排序的标签图像,而且最大标签值即为冷损伤区域;最后,使用开闭运算的复合方式对聚类后的二值图像进行二次滤波,基本上可以避免叶脉和叶边缘的影响,得到冷损伤区域的最佳分割结果。这项研究为利用计算机视觉方法识别叶片冷害状况并及早做出冷害预警信息研究奠定基础。

5.4.1 基于冷害面积的分类方法

对于低温胁迫下冷害程度的分级目前没有明确的分类方法。而农作物病害危害程度的分级一般用病斑面积占总叶面积百分数或病斑面积平均直径表示（Sun 等,2017;Qiao 等,2019）。相对于病害损伤,冷损伤可能分布在叶片的任意位置,有时冷损伤区域分散不容易计算平均直径,因此本书参照上述损伤面积占叶总面积百分比方法对冷损伤级别进行划分,冷害级别分为健康叶片、轻度冷损伤叶片、中度冷损伤叶片和重度冷损伤叶片。由于冷损伤面积与冷损伤区域中像素的个数成正比,冷害叶片面积与冷害叶片区域中像素的个数成正比,所以冷损伤程度的分级可用冷损伤区域中像素的个数与冷害叶片区域中像素的个数比值 L_k 表示（田有文等,2014）:

$$L_k = A_1/A = N_1/N \qquad (5-6)$$

式中,A_1 为冷损伤区域面积;A 为冷害叶片的总面积;N_1 为冷损伤区域中像素的个数;N 为冷害叶片的总像素数。番茄幼苗叶片冷损伤分级标准见表 5-2。

表 5-2 番茄幼苗叶片冷损伤分级标准

等级	冷损伤程度	分级标准	实验数据中对应数字标签
0	健康	$L_k < 5\%$	1/A
1	轻度冷损伤	$5\% \leq L < 15\%$	2/B
2	中度冷损伤	$15\% \leq L < 30\%$	3/C
3	重度冷损伤	$L_k \geq 30\%$	4/D

实验中选取番茄幼苗的 220 张叶绿素荧光图片,其中 0 级、1 级、2 级和 3 级冷害叶片对应叶绿素荧光图像的数目分别为 50、60、60 和 50。其中,健康无冷害的番茄叶片为 0 级冷害叶片,在实验数据中对应冷害面积百分比小于 5% 的番茄幼苗叶片;番茄幼苗叶片冷害面积百分比在 5%~15% 之间的叶片为 1 级轻度冷损伤叶片,番茄幼苗叶片冷害面积百分比在 15%~30% 的叶片为 2 级中度冷损伤叶片,番茄幼苗叶片冷害面积百分比大于等于 30% 的叶片为 3 级重度冷损伤叶片。而实验存储数据进行统计模型分析时,类别标签必须大于零,因此健康叶片组在实验中对应于数字标签 1 或者字母 A 类,轻度冷损伤叶片组在实验中对应于数字标签 2 或者字母 B 类,中度冷损伤叶片组在实验中对应数字标签 3 或者字母 C 类,而重度冷损伤叶片组在实验中对应数字标签 4 或者字母 D 类。图像处理分级法误分的主要原因是冷损伤叶片的区域分割有误,所以本实验在比较多种分割方法后,提出在 $L^* a^* b^*$ 颜色空间使用改进的 $k-\text{means}++$ 聚类分割进行识别 F 参数荧光图像的冷损伤区域,以提高根据冷损伤区域面积比对番茄幼苗叶绿素荧光图像进行分级的目标精确性。

5.4.2 粒子群支持向量机 PSO-SVM 识别冷害级别

支持向量机 SVM 核函数及核参数的选择是 SVM 发展过程中待完善的问题之一,其本质是一个优化搜索过程,并直接影响模型的推广能力。将 PSO 应用于 Rbf-SVM 的参数优化问题,对 SVM 算法进行改进,为解决支持向量机的参数选择问题提出了有效的方法和途径,PSO-SVM 识别模型已被广泛用于众多领域。对基于 PCA 特征提取的特征向量和基于 Spearman 特征选择的特征向量作为输入向量,使用 PSO 优化 SVM 识别模型对低温冷损伤类别进行训练识别。多次实验后,初步确定最佳参数组数值:粒子群算法的学习因子 $C_1 = 1.6$,$C_2 = 1.5$,种群规模为 30,迭代次数为 50。PSO-SVM 模型的识别结果如图 5-6,正确识别率达 98.2%。使用 PSO 优化的 SVM 模型的训练集和测试集识别率都大大提高。

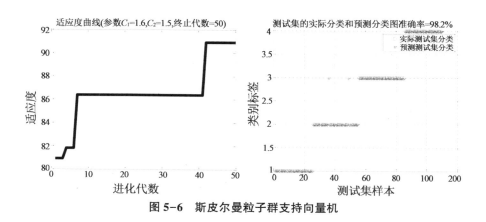

图 5-6　斯皮尔曼粒子群支持向量机

5.5　本章小结

本章节针对叶绿素荧光参数 F 图像,提出了基于 PCA 特征降维、Spearman 特征选择与神经网络识别模型、SVM 支持向量机、使用遗传算法优化的神经网络和使用粒子群优化的 SVM 结合对低温胁迫下番茄幼苗叶片冷损伤进行分级检测识别。实验中利用 F 参数荧光彩色图像使用改进的 k-means++ 聚类算法实现荧光图像冷害面积的分割,进一步根据冷害面积对实验样本叶片进行分类。实验结果表明:

（1）当荧光图像上存在明显的冷损伤痕迹时，改进的 $k-means++$ 聚类算法对冷损伤区域的番茄荧光叶片具有相对准确的分割效果，其分割决策系数为 0.99，而时间仅为 2.22 s。

（2）根据冷害面积将番茄幼苗叶绿素荧光图像分级，可以实现叶绿素荧光对冷害的监测。对叶绿素荧光参数 F 图像使用定量统计分析模型进行识别冷害级别，可用来检测冷害的损伤程度。

因此，本章提出的基于叶绿素荧光动力学参数 F 图像的冷害分级方法，为计算机视觉检测番茄幼苗的冷害情况提供了新的思路。

第6章　结论与展望

6.1　本书研究结论

本书结合通过连续 3 年(2017—2019 年)的实验研究,以叶绿素荧光成像系统 IMAGING-PAM 采集的叶绿素荧光成像数据为研究基础,以北方广为种植的番茄品种"辽园多丽"和"园艺 L404"番茄幼苗叶片作为研究对象,基于叶绿素荧光动力学参数值、动力学曲线和叶绿素荧光图像数据对番茄幼苗进行植物生理学与工程研究。书中分析了低温冷害胁迫对番茄幼苗的叶绿素荧光参数值、动力学曲线和叶绿素荧光图像特征的不同影响,并从不同胁迫时间和不同胁迫面积对番茄幼苗的冷损伤进行分级建模识别。本书利用叶绿素荧光成像研究了低温冷害胁迫下番茄幼苗的损伤及其影响,为番茄的低温冷害研究奠定了良好的理论基础。主要结论如下:

(1)叶绿素荧光成像可用于研究低温胁迫下番茄幼苗的冷损伤情况。研究表明,低温胁迫对番茄叶片荧光参数值 F、$Y(Ⅱ)$、$Y(NPQ)$、$Y(NO)$、q_P 和 q_L 的图像产生显著空间异质性影响,尤其 $Y(Ⅱ)$ 值对冷害敏感,异质性显著,且不受叶脉的影响。此外,荧光参数灰度图像的直方图和能量(ASM)、熵(ENT)、惯性矩(INE)和自相关(COR)的平均值与标准差是检测冷害胁迫的良好指标。

(2)叶绿素荧光参数值中的 $Y(Ⅱ)$、q_P、q_L、$Y(NPQ)$、$Y(NO)$、F_v/F_m 这 6 个变量可作为自动识别番茄幼苗冷损伤等级的判别参数,叶绿素荧光图像特征中灰度直方图三阶矩和纹理熵的标准偏差和颜色描述符 B、b 和 L/b 可作为识别番茄幼苗冷损伤等级的判别特征，$L^*a^*b^*$ 颜色模型能够表征低温胁迫下番茄幼苗叶片的表面变化，以确定番茄叶片中的冷害类型。

（3）当叶绿素荧光参数 F 图像上存在明显的冷损伤痕迹时，改进 k-means++聚类算法识别番茄叶片冷害时，平均匹配率为 82.23%，平均错误率为 9.41%，综合决策系数为 0.99，程序运行时间为 2.22 s，各项指标均优于目前使用的叶绿素荧光图像分割算法。

6.2　本书创新点

（1）本书提出了使用叶绿素荧光成像识别番茄叶片冷损伤，不仅使用均值参数计算叶绿素荧光参数值，同时对番茄幼苗叶片内横向异质性分布进行了详细分析与讨论，推荐 $Y(\mathrm{II})$ 作为基于荧光图像筛选番茄叶片冷敏感性的有用参数值，并提出了叶绿素荧光图像的直方图和能量（ASM）、熵（ENT）、惯性矩（INE）和自相关（COR）的平均值与标准差是检测冷害胁迫的良好指标。

（2）本书提出了利用叶绿素荧光彩色 RGB 图像、叶绿素荧光灰度图像和叶绿素荧光参数值特征相结合研究低温下番茄幼苗冷损伤的叶绿素荧光成像信息，充分分析了叶绿素荧光图像叶绿素荧光参数值受低温胁迫时间影响的变化，并使用叶绿素荧光图像特征与荧光参数值进行冷损伤分类识别。确定多种颜色空间模式下 $L^*a^*b^*$ 颜色空间能够很好地表征低温胁迫下番茄幼苗叶片的表面变化，以区分番茄叶片中的冷损伤。

（3）本书提出使用叶绿素荧光值 F 参数图像的冷损伤面积作为冷害分级依据，使用改进的 k-means++聚类方法识别冷损伤面积，分割决策系数达 0.99。

6.3 研究展望

基于本书的工作，后续还可以在以下几个方面进一步深入研究：

（1）实验过程中因采集数据的季节性、时间性限制，每次实验的时间和样本数量有限，后续研究可加大番茄幼苗冷害的样本数量，扩大健康样本和各冷损伤程度样本的空间，获得更加全面、准确的优化模型和诊断识别方法。

（2）本书中番茄幼苗冷损伤的生理研究仅依靠叶绿素荧光成像系统获得相关叶绿素荧光值及图像特征值，若要更好地研究冷害与光合作用的关系，需结合其他仪器采集叶片的更多生理指标，如叶绿素、酶含量等进行比较研究，当然也可结合三维技术仪器获得整株信息进行植物表型分析。

（3）本书中所有实验均在设施农业生物信息检测实验室内进行，仅针对番茄幼苗在低温胁迫下冷损伤进行研究，而实际生产中，冬季日光温室中低温胁迫往往伴随弱光胁迫，后续研究中可针对低温和弱光胁迫两种环境因子并存时的自动识别调控方法为目标。

参 考 文 献

[1] AIRON J S, CLÍSTENES W A, NASCIMENTO G A D S, et al. 2012. Led-induced chlorophyll fluorescence spectral analysis for the early detection and monitoring of cadmium toxicity in maize plants[J]. Water, Air and Soil Pollution, 223(6): 3527-3533.

[2] APEL K, HIRT H. 2004. Reactive oxygen species: metabolism, oxidative stress, and signal transduction[J]. Annu. Rev. Plant Biol., 55(1): 373-399.

[3] ARTHUR D, VASSILVITSKII S. 2007. k-Means++: the advantages of careful seeding[J]. Proceedings of the Eighteenth Annual ACM-SIAM Symposium on Discrete Algorithms, Soc. Ind. Appl. Math., 11 (6): 1027-1035.

[4] BAI Y, KISSOUDIS C, YAN Z, et al. 2017. Plant behaviour under combined stress: tomato responses to combined salinity and pathogen stress[J]. Plant J. Cell. Molecular Biol., 93(4): 781-793.

[5] BALDEVBHAI P J, ANAND R S. 2012. Color image segmentation for medical images using L^*a^*b color space[J]. Journal of Electronics and Communication Engineering, 1(2): 24-45.

[6] BARREROGIL J, HUERTAS R, RAMBLA J L, et al. 2016. Tomato plants increase their tolerance to low temperature in a chilling acclimation process entailing comprehensive transcriptional and metabolic adjustments [J]. Plant Cell and Environment, 39(10): 2303-2318.

[7] BAURIEGEL E, BRABANDT H, GÄRBER U, et al. 2014. Chlorophyll fluorescence imaging to facilitate breeding of Bremia lactucae - resistant lettuce cultivars[J]. Comput. Electron. Agric. , 105: 74-82.

[8] BERGER S, PAPADOPOULUS M, SCHREIBER U, et al. 2004. Complex regulation of gene expression, photosynthesis and sugar levels by pathogen infection in tomato[J]. Physiol. Plant,122: 419-428.

[9] BJÖRN L O, FORSBERG A S. 1979. Imaging by delayed light emission (phytolumino - graphy) as a method for detecting damage to the photosynthetic system[J]. Physiologia Plantarum, 47(4): 215-222.

[10] BLUMENTHAL J, MEGHERBI D B,LUSSIER R. 2014. Unsupervised machine learning via Hidden Markov Models for accurate clustering of plant stress levels based on imaged chlorophyll fluorescence profiles & their rate of change in time [C]. IEEE International Conference on Computational Intelligence and Virtual Environments for Measurement Systems and Applications.

[11] CAFFAGNI A, PECCHIONI N, FRANCIA E, et al. 2014. Candidate gene expression profiling in two contrasting tomato cultivars under chilling stress[J]. Biol. Plant,58: 283-295.

[12] CALATAYUD A, ROCA D,MARTÍNEZ P F. 2006. Spatial-temporal variations in rose leaves under water stress conditions studied by chlorophyll fluorescence imaging[J]. Plant Physiol. Biochem, 44: 564-573.

[13] CAO X, JIANG F, WANG X, et al. 2015. Comprehensive evaluation and screening for chilling-tolerance in tomato lines at the seedling stage [J]. Euphytica, 205(2): 569-584.

[14] CEN H Y, WENG HY, YAO J N, et al. 2017. Chlorophyll fluorescence imaging uncovers photosynthetic fingerprint of citrus huanglongbing[J].

Frontiers in Plant Science, 8: 1509.

[15] CEPPI M G, OUKARROUM A, ÇICEK N, et al. 2012. The IP amplitude of the fluorescence rise OJIP is sensitive to changes in the photosystem I content of leaves: a study on plants exposed to magnesium and sulfate deficiencies, drought stress and salt stress[J]. Physiologia Plantarum, 144(3): 277-288.

[16] CHRISTOPH J, WOLFGANG B. 2015. Imaging of fast chlorophyll fluorescence induction curve (OJIP) parameters, applied in a screening study with wild barley (Hordeum spontaneum) genotypes under heat stress[J]. Journal of Photochemistry and Photobiology Biology, 151: 153-160.

[17] DEMMIG A B, ADAM W W, BARKER D H. 1996. Using chlorophyll fluorescence to assess the fraction of absorbed light allocated to thermal dissipation of excess excitation[J]. Physiologia Plantarum, 98(2): 253 – 264.

[18] DEVACHT S, LOOTENS P, BAERT J, et al. 2011. Evaluation of cold stress of young industrial chicory (cichorium intybus, l.) plants by chlorophyll a, fluorescence imaging. i. light induction curve[J]. Photosynthetica, 49(2): 161-171.

[19] DEVACHT S, LOOTENS P, ROLDAN R I, et al. 2009. Influence of low temperatures on the growth and photosynthetic activity of industrial chicory, Cichorium intybus L. partim[J]. Photosynthetica, 47: 372-380.

[20] DONG Z F, MEN Y H, LI Z M, et al. 2019. Chlorophyll fluorescence imaging as a tool for analyzing the effects ofchilling injury on tomato seedlings[J]. Sci. Hortic, 246: 490-497.

[21] DONNINI S, GUIDI L, DEGL'LNNOCENTI E, et al. 2013. Image

changes in chlorophyll fluorescence of cucumber leaves in response to iron deficiency and resupply[J]. Journal of Plant Nutrition and Soil Science, 176(5):142.

[22] ÉTIENNE B, ROUSSEAU D, BOUREAU T, et al. 2013. Thermography versus chlorophyll fluorescence imaging for detection and quantification of apple scab[J]. Computers and Electronics in Agriculture, 90(90): 159−163.

[23] FMV P, DMBP M, PEREIRAFILHO E R, et al. 2011. Laser−induced fluorescence imaging method to monitor citrus greening disease[J]. Computers and Electronics in Agriculture, 79(1): 90−93.

[24] FORSTER B, OSMOND C B, POGSON B J. 2009. Denovosynthesis and degradation of lx and V cycle pigments during shade and sun acclimation in avocado leaves[J]. Plant Physiology, 149: 1179−1195.

[25] GORBE E, CALATAYUd A. 2012. Applications of chlorophyll fluorescence imaging technique in horticultural research: a review[J]. Scientia Horticulturae, 138(2): 24−35.

[26] GOSALBES M J, ZACARÍAS L, LAFUENTE M T. 2004. Characterization of the expression of an oxygenase involved in chilling−induced damage in citrus fruit[J]. Postharvest Biology and Technology, 33(3): 219−228.

[27] GRAY G R, HOPE B J, QIN X, et al. 2010. The characterization of photoinhibition and recovery during cold acclimation in Arabidopsis thaliana, using chlorophyll fluorescence imaging[J]. Physiologia Plantarum, 119(3): 365−375.

[28] HEISEL F, SOWINSKA M, JOSEPH A M, et al. 1996. Detection of nutrient deficiencies of maize by laser induced fluorescence imaging[J]. Journal of Plant Physiology, 148(5): 622−631.

[29] HETHERINGTON S E, ÖQUIST G. 2010. Monitoring chilling injury: A comparison of chlorophyll fluorescence measurements, post-chilling growth and visible symptoms of injury in Zea mays [J]. Physiologia Plantarum, 72(2): 241-247.

[30] HICHRI I, MUHOVSKI Y, ZIZKOVA E, et al. 2014. The SlZF2 Cys2/His2 repressor-like zinc-finger transcription factor regulates development and tolerance to salinity in tomato and Arabidopsis. [J]. Plant Physiol, 164: 1967-1990.

[31] HOGEWOING S W, HARBINSON J. 2006. Insights on the development, kinetics, and variation of photoinhibition using chlorophyll fluorescence imaging of a chilled, variegated leaf [J]. Journal of Experimental Botany, 58(3): 453-463.

[32] HSIAO S C, CHEN S, YANG I C, et al. 2010. Evaluation of plant seedling water stress using dynamic fluorescence index with blue led-based fluorescence imaging [J]. Computers and Electronics in Agriculture, 72(2): 127- 133.

[33] HU W H, WU Y, ZENG J Z, et al. 2010. Chill-induced inhibition of photosynthesis was alleviated by 24-epibrassinolide pretreatment in cucumber during chilling and subsequent recovery [J]. Photosynthetic, 2010, 48: 537-544.

[34] HUANG C, ZENG L. 2015. Robust image segmentation using local robust statistics and correntropy-based k-means clustering [J]. Optics and Lasers in Engineering, 66: 187-203.

[35] HUMPLÍK J F, LAZÁR D, FÜRST T, et al. 2015. Automated integrative high-throughput phenotyping of plant shoots: a case study of the cold-tolerance of pea (pisum sativuml.) [J]. Plant Methods, 11(1): 20.

[36] HUTCHINSON C F. 1991. Uses of satellite data for famine early warning

in sub-Saharan Africa[J]. Int. J. Remote Sensing, 12(6): 1405-1421.

[37] JEDMOWSKI C, BRÜGGEMANN W. 2015. Imaging of fast chlorophyll fluorescence induction curve (ojip) parameters, applied in a screening study with wild barley (hordeum spontaneum) genotypes under heat stress[J]. J. Photochem Photobiol B, 151: 153-160.

[38] JI C, ZHANG J, YUAN T, LI W. 2013. Research on key technology of truss tomatoharvesting robot in greenhouse[J]. Applied Mechanics and Materials, 442: 480-486.

[39] JONES T L, TUCKER D E, ORT D R. 1998. Chilling delays circadian pattern of sucrose phosphate synthase and nitrate reductase activity in tomato[J]. Plant Physiol, 118: 149-158.

[40] JOURLIN M, LAGET B, MATHERON G, et al. 1998. Image analysis and mathematical morphology[M]. 2 ed. London: Academic Press, Inc..

[44] JUNG S, STEFFEN K L, LEE H J. 1998. Comparative photoinhibition of a high and a low altitude ecotype of tomato (lycopersicon hirsutum) to chilling stress under high and low light conditions[J]. Plant Science (Shannon), 134(1): 69-77.

[42] JUTAMANEE K, RUNGWATTANA K. 2017. Photosynthesis and chlorophyll fluorescence of Calathea 'Medallion' exposed to different light intensity [J]. Acta Horticulturae, 1167: 345-348.

[43] KAWAMURA Y. 2008. Chilling induces a decrease in pyrophosphate-dependent H+- accumulation associated with a DeltapH(vac)-stat in mung bean, a chill-sensitive plant[J]. Plant Cell and Environment, 31(3): 288.

[44] KEE S C, MARTIN B, ORT D R. 1986. The effects of chilling in the dark and in the light on photosynthesis of tomato: electron transfer

reactions[J]. Photosynthesis Research, 1986, 8: 41-51.

[45] KONDO N, KURAMOTO M, SHIMIZU H, et al. 2009. Identification of fluorescent substance in mandarin orange skin for machine vision system to detect rotten citrus fruits[J]. Engineering in Agriculture, Environment and Food, 2(2): 54 -59.

[46] KRAUSE G H, WEIS E. 1991. Chlorophyll fluorescence and photosynthesis: the basics[J]. Annual Review of Plant Physiology and Plant Molecular Biology, 42: 313-349.

[47] KRAUSE G H, WEIS E. 1984. Chlorophyll fluorescence as a tool in plant physiology[J]. Photosynthesis Research, 5: 139.

[48] KUEHNI R G. 2003. Historical development of color space and color difference formulas // Color space and its divisions: color order from antiquity to the present[M]. New York: John Wiley Sons, Inc..

[49] LANG M, LICHTENTHALER H K, SOWINSKA M, et al. 1996. Fluorescence imaging of water and temperature stress in plant leaves[J]. Plant Physiol, 148: 613-621.

[50] LEYVA A, JARILLO J A, SALINAS J, et al. 1995. Low temperature induces the accumulation of phenylalanine ammonia-lyase and chalcone synthase mRNAs of Arabidopsis thaliana in a light-dependent manner [J]. Plant Physiol. , 108(1): 39-46.

[54] LICHTENTHALER H K, LANGSDORF G, LENK S, et al. 2005. Chlorophyll fluorescence imaging of photosynthetic activity with the flash-lamp fluorescence imaging system. Photosynthetica (Prague), 43(3): 355-369.

[52] LIU G Y, ZHOU H Y, LV J. 2017. A novel histogram-based fuzzy clustering method for multispectral image segmentation [J]. J. Electron. Information Sci. , 2:116-121.

[53] LIU P, MENG Q W, ZHAO S J, et al. 2001. Effects of cold-hardening on chilling - induced photo inhibition of photosynthesis and on xanthophylls cycle pigments in sweet pepper [J]. Photosynthetica, 39(3): 467- 472.

[54] LIU Y F, QI M F, LI T L. 2012. Photosynthesis, photoinhibition, and antioxidant system in tomato leaves stressed by low night temperature and their subsequent recovery[J]. Plant Sci., 196: 8-17.

[55] LOOTENS P, DEVACHT S, BAERT J, et al. 2011. Evaluation of cold stress of young industrial chicory (Cichorium intybus L.) by chlorophyll a fluorescence imaging. II. Dark relaxation kinetics [J]. Photosynthetica, 49: 185-194.

[56] LU J, ZHANG D, JIANG H. 2016. Discriminating leaves affected with tomato yellow leaf curl through fluorescence imaging using texture and leaf vein features[J]. Transactions of the Asae American Society of Agricultural Engineers, 59(6): 1507-1515.

[57] LYONS J M. 1973. Chilling injury in plants[J]. Annu. Rev. plant Physiol, 24(24): 445-466.

[58] MA N N, ZUO Y Q, LIANG X Q, et al. 2013. The multiple stress-respon-sive transcription factor SlNAC1 improves the chilling tolerance of tomato[J]. Physiol Plant,149: 474-486.

[59] MATHOBO R, MARAIS D, STEYN J M. 2017. The effect of drought stress on yield, leaf gaseous exchange and chlorophyll fluorescence of dry beans (Phaseolus vulgaris L.) [J]. Agricultural Water Management, 180:118-125.

[60] MATHUR S, JAJOO A, MEHTA P, et al. 2015. Analysis of elevated temperature- induced inhibition of photosystem ii using chlorophyll a fluorescence induction kinetics in wheat leaves (triticum aestivum)

[J]. Plant Biology, 13(1): 1-6.

[61] MAXWELL K, JOHNSON G N. 2000. Chlorophyll fluorescence-a practical guide[J]. Journal of Experimental Botany, 51(345): 659-668.

[62] MAZZA C A, BOCCALADRO H E, GIORDANO C V, et al. 2000. Functional significance and induction by solar radiation of ultravioletabsorbing sunscreens in field-grown soybean crops[J]. Plant Physiol, 22: 117-125.

[63] McELROY J S, KOPSELL D A, SOROCHAN J C, et al. 2006. Response of creeping bent grass carotenoid composition to high and low irradiance [J]. Crop Science, 46: 2606 -2612.

[64] MENG Q, SIEBKE K, LIPPERT P, et al. 2001. Sink-source transition in tobacco leaves visualized using chlorophyll fluorescence imaging[J]. New Phytologist, 151(3): 585- 595.

[65] MERONI M, ROSSINI M, GUANTER L, et al. 2009. Remote sensing of solar-induced chlorophyll fluorescence: review of methods and applications [J]. Remote Sensing of Environment, 113(10): 2037-2051.

[66] MEYER S, SACCARDY A K, RIZZA F, et al. 2001. Inhibition of photosynthesis by Colletotrichum lindemuthianum in bean leaves determined by chlorophyll fluorescence imaging[J]. Plant Cell Environ. , 24(9): 947- 956.

[67] MINORSKY P V. 2010. An heuristic hypothesis of chilling injury in plants: a role for calcium as the primary physiological transducer of injury[J]. Plant Cell and Environment, 8(2): 75- 94.

[68] MISHRA K B, IANNACONE R, PETROZZA A, et al. 2012. Engineered drought tolerance in tomato is reflected in chlorophyll fluorescente emision[J]. Plant Sci. , 182: 79-86.

[69] MITTLER R. 2002. Oxidative stress, antioxidants and stress tolerance

[J]. Trends Plant Sci. ,7: 405-410.

[70] MORIYUKI S,FUKUDA H. 2016. High-throughput growth prediction for lactuca sativa l. seedlings using chlorophyll fluorescence in a plant factory with artificial lighting[J]. Frontiers in Plant Science, 7:245.

[71] MOSHOU D, BRAVO C, OBERTI R, et al. 2005. Plant disease detection based on data fusion of hyper-spectral and multi-spectral fluorescence imaging using kohonen maps[J]. Real-Time Imaging, 11(2): 75-83.

[72] MOUNANGA K T, TUDOR D, LEBLON B, et al. 2017. Modelling of ph effects and cie l*a*b*colour spaces of beech wood-inhabiting fungi by nirs[C]. Wood Material Science & Engineering:1-18.

[73] OMASA K, SHIMAZAKI K, AIGA I, et al. 1987. Image analysis of chlorophyll fluorescence transients for diagnosing the photosynthetic system of attached leaves[J]. Plant Physiology, 84(3): 748-52.

[74] OSÓRIO J, OSÓRIO M L, CORREIA P J, et al. 2014. Chlorophyll fluorescenceimaging as a tool to understand the impact of iron deficiency and resupply on photosynthetic performance of strawberry plants[J]. Scientia Horticulturae, 165(3): 148-155.

[75] PANIGADA C, ROSSINI M, MERONI M, et al. 2014. Fluorescence, pri and canopy temperature for water stress detection in cereal crops [J]. International Journal of Applied Earth Observation and Geoinformation, 30: 167- 178.

[76] PEREIRA F V, MILORI D M B P, PEREIRA-FILHO E R, et al. 2011. Laser - induced fluorescence imaging method to monitor citrus greening disease[J]. Computers and Electronics in Agriculture, 79 (1): 90-93.

[77] PÉREZ-BUENO M L, CISCATO M, Van De VEN M,et al. 2006. Imaging viral infection: studies on nicotiana benthamiana plants infected with a

pepper mild mottle tobamovirus[J]. Photosynth. Res. ,90：111-123.

[78] QIAO S C, TIAN Y W, SONG P, et al. 2019. Analysis and detection of decayed blueberry by low field nuclear magnetic resonance and imaging[J]. Postharvest Biology and Technology, 156：168-172.

[79] RAHMAN A. 2013. Auxin：a regulator of cold stress response[J]. Physiol Plant, 147：28-35.

[80] RANULFI A C, CARDINALI M C B, KUBOTA T M K, et al. 2016. Laser-induced fluorescence spectroscopy applied to early diagnosis of citrus huanglongbing[J]. Biosyst. Eng. ,144：133-144.

[81] REDER L J, FARRIS M. 2015. A tour up the gray scale vector of the rgb color cube：how computer graphics color spaces relate to digital video color difference space[J]. Smpte Journal, 111(6-7)：330-342.

[82] REY C C, TARDAGUILA J, SANZ G A, et al. 2016. Quantifying spatio-temporal variation of leaf chlorophyll and nitrogen contents in vineyards[J]. Biosystems Engineering, 150：201-213.

[83] RIGÓ G, VALKAI I, FARAGÓ D, et al. 2016. Gene mining in halophytes：functional identification of stress tolerance genes in \ r, Lepidium crassifolium[J]. Plant, Cell and Environment, 39(9)：2074-2084.

[84] RONGA D, RIZZA F, BADECK F W, et al. 2018. Physiological responses to chilling in cultivars of processing tomato released and cultivated over the past decades in Southern Europe [J]. Scientia Horticulturae, 231：118-125.

[85] ROSEVEAR M J, YOUNG A J, JOHNSON G N. 2001. Growth conditions are more important than species origin in determining leaf pigment content of British plantspecies[J]. British Ecological Society, 15：474-480.

[86] RUELLAND E, VAULTIER M N, ZACHOWSKI A,et al. 2009. Cold

signalling and cold acclimation in plants［J］. Advances in Botanical Research, 49: 35-150.

［87］　SÜSSTRUNK S, BUCKLEY R, SWEN S. 1999. Standard RGB color spaces［C］//Proc. IS&T. SID 7th Color Imaging Conference, 7 (CONF): 127-134.

［88］　SANDHU R K, KIM M S, KRIZEK D T, et al. 1997. Fluorescence imaging and chlorophyll fluorescence to evaluate the role of EDU in UV-B protection in cucumber［J］. Proc. SPIE,10:42-51.

［89］　SCHWARZ M W, COWAN W B, BEATTY J C. 1987. An experimental comparison of RGB, YIQ, LAB, HSV, and opponent colour models ［J］. ACM Transactions on Graphics, 6(2): 123-158.

［90］　SHAHANGIAN B, POURGHASSEM H. 2016. Automatic brain hemorrhage segmentation and classification algorithm based on weighted grayscale histogram feature in a hierarchical classification structure ［J］. Biocybernetics and Biomedical Engineering, 36(1): 217-232.

［91］　SHARIFZADEH S, CLEMMENSEN L H, BORGGAARD C, et al. 2014. Supervised feature selection for linear and non-linear regression of $l^* a^* b^*$ color from multispectral images of meat［J］. Engineering Applications of Artificial Intelligence, 27: 211-227.

［92］　SHI H, WANG X, YE T, et al. 2014. The Cysteine2/Histidine2-type transcription factor zinc finger of arabidopsis Thaliana6 modulates biotic and abiotic stress responses by activating salicylic acid-related genes and C-REPEAT-BINDING FACTOR genes in arabidopsis［J］. Plant Physiology, 165: 1367.

［93］　SHIHCHIEH H, CHEN S M, YANG I, et al. 2010. Evaluation of plant seedling water stress using dynamic fluorescence index with blue LED-based fluorescence imaging［J］. Computers and Electronics in

Agriculture, 72(2): 127-133.

[94] SMILLIE R M, HETHERINGTON S E. 1984. A screening method for chilling tolerance using chlorophyll fluorescence in vivo[J]. Springer Netherlands: Advances in Photosynthesis Research, 15: 471-474.

[95] SRINIVASARAO C, SHANKER A K, KUNDU S, et al. 2016. Chlorophyll fluorescence induction kinetics and yield responses in rainfed crops with variable potassium nutrition in k deficient semi－arid alfisols[J]. J. Photochem Photobiol B. , 160: 86-95.

[96] SUN S, ZHANG L T, WANG J X, et al. 2008. Effects of low temperature and weak light on the functions of photosystem in prunus armeniaca l leaves in solargreenhouse[J]. Chinese Journal of Applied Ecology, 19(3): 512-516.

[97] SWANSON S, CHOI W G, CHANOCA A, et al. 2010. In vivo imaging of Ca(2+), pH, and reactive oxygen species using fluorescent probes in plants[J]. Annual Review of Plant Biology, 62(1): 273-297.

[98] TAIZ L, ZEIGER E. 2010. Plant physiology[J]. Quarterly Review of Biology, 167: 161-168.

[99] TAKAYAMA K, SAKAI Y, NISHINA H, et al. 2007. Chlorophyll fluorescence imaging at 77 K for assessing the heterogeneously distributed light stress over a leaf surface[J]. Environ Control Biol. , 45: 39-46.

[100] TAMURA H, MORI S, YAMAWAKI T. 1987. Textural features corresponding to visual perception[J]. IEEE Trans. Syst. Man. Cybernet, 8(6): 460-473.

[101] TREIBITZ T, NEAL B P, KLINE D I, et al. 2015. Wide field-of-view daytime fluorescence imaging of coral reefs[J]. Sci. Rep. , 5: 1-5.

[102] TSCHIERSCH H, JUNKER A, MEYER R C, et al. 2017. Establishment of integrated protocols for automated high throughput kinetic chlorophyll fluorescence analyses[J]. Plant Methods, 13(1): 54.

[103] VENEMA J H, LINGER P, HEUSDEN A W, et al. 2005. The inheritance of chilling tolerance in tomato (Lycopersicon spp.) [J]. Plant Biol., 7:118-130.

[104] VOGELMANN T C, HAN T. 2010. Measurement of gradients of absorbed light in spinach leaves from chlorophyll fluorescence profiles[J]. Plant Cell and Environment, 23(12): 1303-1311.

[105] WANG X, RONNY H, MA L, et al. 2014. Comparison of different color spaces for image segmentation using graph-cut[J]. Computer Communications, 4(1): 3-9.

[106] WETTERICH C B, KUMAR R, SANKARAN S, et al. 2013. A comparative study on application of computer vision and fluorescence imaging spectroscopy for detection of huanglong- bing citrus disease in the USA and Brazil[J]. Journal of Spectroscopy, 3:1-6.

[107] XIE X, MIRMEHDI M. 2008. A galaxy of texture features [M]// Handbook of Texture Analysis. London: Imperial College Press, 375-406.

[108] XU Z H, SHOU W L, HUANG K M, et al. 2000. The current situation and trend of tomato cultivation in China [J]. Acta Physiologiae Plantarum, 22(3): 379-382.

[109] YANG C, LI X. 2015. The green fluorescence image segmentation with the combination of HSV model and watershed algorithm[C]// IEEE International Conference on Software Engineering and Service Science. IEEE, 607-610.

[110] YANG J C, LI M, XIE X Z, et al. 2013. Deficiency of phytochrome b

alleviates chilling – induced photoinhibition in rice [J]. American Journal of Botany, 100(9): 1860–1870.

[111] YUAN Y, SHU S, LI S, et al. 2014. Effects of exogenous putrescine on chlorophyll fluorescence imaging and heat dissipation capacity in cucumber (cucumis sativus l.) under salt stress[J]. Journal of Plant Growth Regulation, 33(4):798–808.

[112] ZARCO T P J, BERNI J A J, SEPULCRE C, et al. 2009. Imaging chlorophyll fluorescence with an airborne narrow – band multispectral camera for vegetation stress detection [J]. Remote Sensing of Environment, 113(6), 1262–1275.

[113] ZHANG G X, LIU Y F, NI Y, et al. 2014. Exogenous calcium alleviates low night temperature stress on the photosynthetic apparatus of tomato leaves[J]. Plos One, 9(5): e97322.

[114] ZHANG J, MARSZALEK M, LAZEBNIK S, et al. 2007. Local features and kernels for classification of texture and object categories: a comprehensive study[J]. International Journalof Computer Vision, 73(2): 213–238.

[115] ZHANG X, FOWLER S G, CHENG H, et al. 2004 . Freezing – sensitive tomato has a functional CBF cold response pathway, but a CBF regulon that differs from that of freezing–tolerant arabidopsis[J]. Plant J. , 39: 905–919.

[116] ZHANG X, SHEN L, LI F, et al. 2013. Arginase induction by heat treatment contributes to amelioration of chilling injury and activation of antioxidant enzymes in tomato fruit [J]. Postharvest Biology and Technology, 79(79):1–8.

[117] ZHOU Y H, YU J Q, HUANG L F, et al. 2004. The relationship between CO_2 assimila – tion, photosynthetic electron transport and

water –water cycle in chill–exposed cucumber leaves under low light and subsequent recovery[J]. Plant Cell and Environment, 27(12): 1503–1514.

[118] 岑海燕,姚洁妮,翁海勇,等. 2018. 叶绿素荧光技术在植物表型分析的研究进展[J]. 光谱学与光谱分析,38(12):3773-3779.

[119] 柴阿丽. 2011. 基于计算机视觉和光谱分析技术的蔬菜叶部病害诊断研究[D]. 北京：中国农业科学院.

[120] 方怡然,薛立. 2019. 盐胁迫对植物叶绿素荧光影响的研究进展[J]. 生态科学,38(3):225-234.

[121] 韩志国. 2006. 20 种湿地植物的叶绿素荧光特性[D]. 广州:暨南大学.

[122] 何辉立. 2018. 低温胁迫下白菜型冬油菜的生理响应及 ELI 基因的表达分析和克隆[J]. 兰州:甘肃农业大学.

[123] 贺通. 2018. 基于叶绿素荧光的 LED 补光控制系统[D]. 镇江:江苏大学.

[124] 姜楠,陈温福. 2015. 遮光对不同穗型粳稻叶片光合特性和叶绿体超微结构的影响[J]. 沈阳农业大学学报,46(1):1-6.

[125] 隽加香. 2015. 低温胁迫下番茄植株光合及呼吸代谢特性的研究[J]. 哈尔滨:东北农业大学.

[126] 李江波,王福杰,应义斌,等. 2012. 高光谱荧光成像技术在识别早期腐烂脐橙中的应用研究[J]. 光谱学与光谱分析,32(1):142-146.

[127] 李天来,焦晓赤,齐明芳,等. 2011. 不同耐冷番茄叶片光合速率及可溶性糖的变化特性研究[J]. 华北农学报,26(4):97-103.

[128] 李云龙,王胤,孙海,等. 2017. 番茄作物的良好农业规范[M]. 北京:中国林业出版社,2-3.

[129] 刘辉. 2012. 番茄耐寒种质低温胁迫下的转录组分析及相关基因功能鉴定[D]. 武汉:华中农业大学.

[130] 刘雷震,武建军,周洪奎,等.2017.叶绿素荧光及其在水分胁迫监测中的研究进展[J].光谱学与光谱分析,37(9):2780-2787.

[131] 刘玉凤,王珍琪,宁晓峰,等.2017.夜间低温对番茄幼苗磷素吸收及转运的影响[J].西北植物学报,37(1):97-104.

[132] 卢广超,许建新,薛立,等.2014.低温胁迫对4种幼苗的叶绿素荧光特性的影响[J].中南林业科技大学学报,34(2):44-49.

[133] 卢劲竹,蒋焕煜,崔笛.2014.荧光成像技术在植物病害检测的应用研究进展[J].农业机械学,45(4):244-252.

[134] 史娜溶.2019.小麦低温敏感型紫叶色突变体pur1的转录组及其生理生化分析[D].杨凌:西北农林科技大学.

[135] 隋媛媛,王庆钰,于海业.2016.基于叶绿素荧光光谱指数的温室黄瓜病害预测[J].光谱学与光谱分析,36(6):1779-1782.

[136] 田有文,陈旭,郑鹏辉.2014.基于嵌入式的农作物叶部病害分级系统[J].沈阳农业大学学报,45(6):756-760.

[137] 王纪章,贺通,周静,等.2019.基于叶绿素荧光传感器的植物LED补光测控系统[J].农业机械学报,50(S1):347-352,410.

[138] 王丽娟,李天来,郝敬虹,等.2010.短期低夜温处理对番茄光合作用的影响[J].河北农业大学学报,33(4):46-50.

[139] 王荣青.2007.苗期亚低温对番茄生殖生长的影响及其低温鉴定方法研究[J].杭州:浙江大学.

[140] 王文森.2018.基于叶绿素荧光动力学的大豆干旱/NaCl胁迫影响分析[D].沈阳:沈阳农业大学.

[141] 翁海勇.2019.基于光学成像技术的柑橘黄龙病快速检测方法研究[D].杭州:浙江大学.

[142] 许培磊,范书田,刘迎雪,等.2015.山葡萄应答霜霉病侵染过程中叶绿素荧光成像的变化[J].园艺学报,42(7):1378-1384.

[143] 杨德光,尉菊萍,樊海潮,等.2018.低温胁迫下冠菌素对玉米幼苗

生理特性的调控[J].玉米科学,26(2):81-88.

[144] 杨昊谕,于海业,刘煦,等.2010.叶绿素荧光 PCA-SVM 分析的黄瓜病虫害诊断研究[J].光谱学与光谱分析,30(11):3018-3021.

[145] 杨建军,张国斌,郁继华,等.2017.盐胁迫下内源 NO 对黄瓜幼苗活性氧代谢和光合特性的影响[J].中国农业科学,5019:3778-3788.

[146] 杨其长.2018.我国智能设施园艺技术突破之路在何方[J].中国农村科技,1:37-39.

[147] 杨信廷,孙文娟,李明,等.2016.基于 k 均值聚类和开闭交替滤波的黄瓜叶片水滴荧光图像分割[J].农业工程学报,32(17):136-143.

[148] 杨一璐,汪小旵,李成光,等.2017..基于叶绿素荧光图像的辣椒叶片氮含量的预测[J].湖南农业大学学报(自然科学版),43(1):108-111.

[149] 杨再强,张波,张继波,等.2012.低温胁迫对番茄光合特性及抗氧化酶活性的影响[J].自然灾害学报,21(4):168-174.

[150] 姚洁妮.2018.基于叶绿素荧光动力学和多光谱荧光成像的拟南芥干旱胁迫响应表型分析研究[D].杭州:浙江大学.

[151] 姚秋菊,王志勇,赵艳艳.2018.番茄安全高效生产关键技术问答[M].郑州:中原农民出版社,14-16,22.

[152] 张初.2016.基于光谱与光谱成像技术的油菜病害检测机理与方法研究[D].杭州:浙江大学.

[153] 张晓旭,叶景学,侯杰,等.2017.夜间低温对樱桃番茄叶片氧化活性的影响[J].东北农业科学,42(2):39-43.

[154] 周春艳,华灯鑫,乐静,等.2017.结合图像的叶绿素荧光动力学植物水分胁迫探测方法[J].农业机械学报,48(1):148-154.

[155] 周鹏,陈庆生,张敏,等.2014.灌木柳叶 PSII 对盐胁迫的响应及耐盐性.东北林业大学学报,42(9):98-101,106.